"十三五"高等职业教育规划教材

工程图识读与绘制

主　编　胡　胜　卢　杰　赵大民
副主编　刘　婷　王调品
参　编　周达飞　何代林

机 械 工 业 出 版 社

本书是依据高等职业院校《机械制图教学大纲》，并参照相关的最新国家职业技能标准和行业职业技能鉴定规范中的有关要求编写而成的。

本书主要内容包括《机械制图》国家标准的有关规定，尺规作图，正投影作图基础，立体及其表面交线，轴测图，组合体的绘制与识读，机械图样的基本表达法，常用机件及标准结构要素的表达法，零件图的识读与绘制，装配图的识读与绘制，零件的测绘。

本书所选知识兼顾简明和实用要求，用高职学生易于接受的表达方式实现教学意图，内容以识图为主线，把必需的理论知识融入实例中去讲授，让学生"在做中学，在学中做"。与本书配套的教学资源包括所有知识点的 Flash 动画、教材中所有平面图形的三维立体图、DWF 格式的三维图、随机电子测试题。为方便学生自学，本书还嵌入了 77 处二维码动画，用手机扫码便可观看。

本书为实现课堂教学的理实一体化创造了条件，可作为高等职业院校机械大类专业的基础课程教材，也可作为岗位培训用书。本书配有教学资源，凡选用本书作为授课教材的教师，均可登录 www.cmpedu.com 以教师身份注册下载。咨询电话：010-88379193。

图书在版编目（CIP）数据

工程图识读与绘制/胡胜，卢杰，赵大民主编. —北京：机械工业出版社，2018.6

"十三五"高等职业教育规划教材

ISBN 978-7-111-60136-4

Ⅰ.①工… Ⅱ.①胡… ②卢… ③赵… Ⅲ.①工程制图-识图-高等职业教育-教材②工程制图-高等职业教育-教材 Ⅳ.①TB23

中国版本图书馆 CIP 数据核字（2018）第 122276 号

机械工业出版社（北京市百万庄大街 22 号 邮政编码 100037）
策划编辑：汪光灿 责任编辑：黎 艳 责任校对：王明欣
封面设计：张 静 责任印制：孙 炜
天津翔远印刷有限公司印刷
2018 年 8 月第 1 版第 1 次印刷
184mm×260mm·12.75 印张·307 千字
0001—2000 册
标准书号：ISBN 978-7-111-60136-4
定价：39.80 元

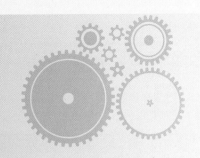

前　言

　　高等职业院校以培养实用型、技术型人才为主要目标，学生需掌握工程图相关的理论知识和足够的绘图技能，并灵活地运用于实际中。为满足高等职业院校学生的这一职业能力需求，又考虑该门课程学时数缩短的实际情况，本书以"需求为导向，能力为本位，学生为中心"，采用最新《机械制图》国家标准，并参照《制图员国家职业标准》的要求组织编写。

　　本书具有四大特色：

　　1. 提供了一套全方位、立体化的课程解决方案。配套教学资源包括所有知识点的 Flash 动画、教材中所有平面图形的三维立体图、DWF 格式的三维图、随机电子测试题。使用该配套教学资源进行教学，将从根本上改变"工程图识读与绘制"课程传统的课堂教学模式，为实现该门课程的理实一体化教学创造条件。在教学中，教师可一边播放 Flash 动画，一边让学生跟着练习。DWF 格式的三维图可随时放大、按任意方向旋转和切割，以便观察物体的内外部结构以及 6 个基本视图的形成过程，为培养学生的空间想象能力创造了良好的条件。使用该配套教学资源，为实现"师生互动、讲练结合、知识过手"的课堂教学目标奠定了基础，实现了变"抽象"为"具体"，变"复杂"为"简单"，让学生"在做中学，在学中做"。为方便学生自学，在本书中嵌入了 77 处二维码动画，用手机扫码便可观看。

　　2. 本书由制图基本知识与技能（第一和第二章）、正投影法基本原理（第三、第四、第五和第六章）、机械图样的表达法（第七和第八章）、机械图样的识读与绘制（第九和第十章）以及零件的测绘（第十一章）组成，不同类型的专业可根据需要选取相应的内容进行教学。

　　3. 简明和实用。对于那些在实际中应用较少且难度较大的内容，本书做了大幅度的删减，如椭圆的画法、换面法、复杂形体截交线等内容，难度较大，实际应用较少，本书已删掉。对于组合体、零件图和装配图，采用简单的案例讲述复杂的理论知识。

　　4. 作业有层次性。习题集上的作业与教材内容完全配套，难度由浅入深、由易到难。每章结束后均有 1~2 个大作业和自测题，教师可视情况布置。

　　本书由胡胜、卢杰、赵大民任主编，刘婷、王调品任副主编，周达飞、何代林参编。胡胜负责课程资源的制作及统稿工作。

　　由于编者水平有限，书中难免有疏漏之处，希望读者批评指正，并提出宝贵意见和建议，请发邮箱 1872630618@ qq.com，以便及时调整和补充。

编　者

目 录

第一章

《机械制图》国家标准的有关规定

本章着重介绍《机械制图》国家标准中的有关规定，这些规定是培养作图和读图能力的基础。

第一节 尺规作图的工具及使用方法

目前机械图样已经逐步通过计算机绘制完成，但尺规作图仍是工程技术人员必备的基本技能，同时也是学习和巩固识图理论知识不可忽视的训练方法，因此必须熟练掌握尺规作图的工具及使用方法。

一、尺规作图工具的种类

尺规作图工具有三角板、圆规、铅笔、丁字尺和图板等，如图 1-1 所示。

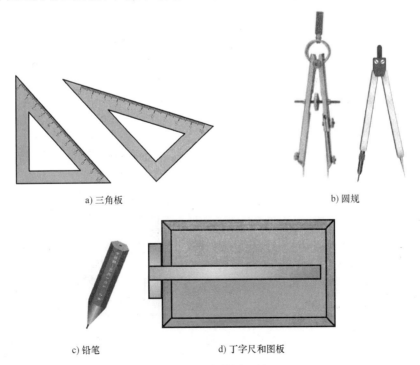

a) 三角板 　　　　　　　　　　　　　　　b) 圆规

c) 铅笔 　　　　　　　　　　d) 丁字尺和图板

图 1-1　尺规作图工具

课堂讨论:

今天大量普及计算机绘图,学习手工绘图还有必要吗?

二、作图工具的使用方法

1. 三角板

一副三角板由 45°和 30°（60°）两块直角三角板组成。两块三角板配合使用可画出垂直线、平行线,还可画出与水平线成 30°、45°、60°、75°及 15°的倾斜线;三角板也可以和丁字尺配合使用,如图 1-2 所示。

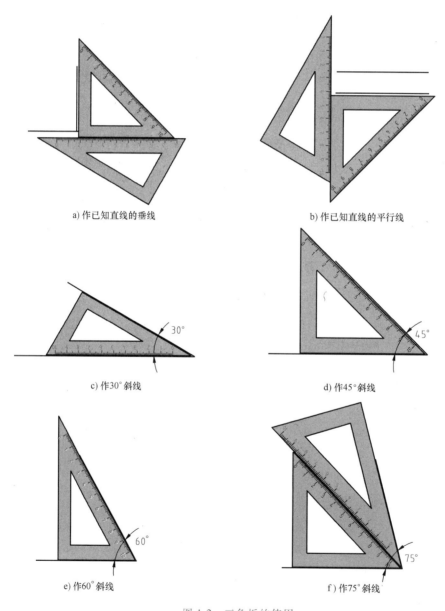

a) 作已知直线的垂线   b) 作已知直线的平行线

c) 作30°斜线   d) 作45°斜线

e) 作60°斜线   f) 作75°斜线

图 1-2   三角板的使用

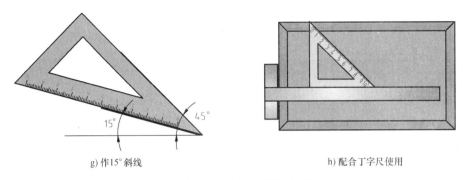

g) 作15°斜线　　　　　　　　　　　　　h) 配合丁字尺使用

图 1-2　三角板的使用（续）

2. 圆规

圆规用来画圆和圆弧，还可用来截取线段、等分直线或圆周，如图 1-3 所示。

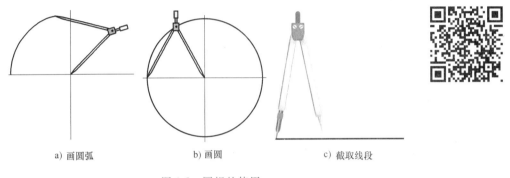

a) 画圆弧　　　　　　　　　b) 画圆　　　　　　　　　c) 截取线段

图 1-3　圆规的使用

3. 铅笔

绘图铅笔用"B"和"H"代表铅芯的软硬程度，如图 1-4 所示。"B"表示软性铅笔，B 前面的数字越大，表示铅芯越软（黑）；"H"表示硬性铅笔，H 前面的数字越大，表示铅芯越硬（淡）。"HB"表示铅芯软硬适中。写字常用 HB 铅笔，画底稿和细线用 2H 铅笔，画粗线用 2B 铅笔。

图 1-4　铅笔

4. 丁字尺和图板

画图时，先将图纸用胶带纸固定在图板上，丁字尺头部紧靠图板左边。通过丁字尺上下移动，可画出水平线和已知直线的平行线。丁字尺和三角板配合使用，还可画出已知直线的垂直线，如图 1-5 所示。

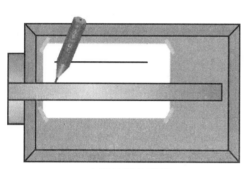
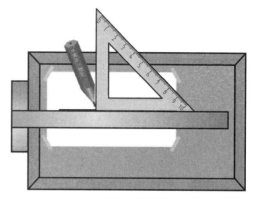

a) 作水平线和平行线　　　　　　　　　　b) 作已知直线的垂直线

图 1-5　丁字尺和图板

第二节　图纸幅面和格式

为了正确绘制和阅读机械图样，必须熟悉《机械制图》国家标准中有关图纸幅面和标题栏的基本规定，并能正确应用这些规定进行识图和绘图。

一、图纸幅面 （GB/T 14689—2008）

图纸幅面是指由图纸宽度与长度组成的图面。

GB/T 14689—2008 的含义：GB/T 为推荐性国标，14689 为发布顺序号，2008 是年号。

基本图纸幅面共有 5 种，见表 1-1，在绘图时应优先采用。

表 1-1　基本图纸幅面　　　　　　　　　　　　　　　（单位：mm）

幅面代号	（短边×长边）$B \times L$	（无装订边的留边宽度）e	（有装订边的留边宽度）c	（装订边的宽度）a
A0	841×1189	20	10	25
A1	594×841	20	10	25
A2	420×594	10	10	25
A3	297×420	10	5	25
A4	210×297	10	5	25

5 种基本图纸幅面之间的尺寸关系，如图 1-6 所示。

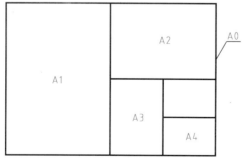

图 1-6　基本图纸幅面之间的尺寸关系

必要时允许选用加长幅面，其尺寸是由基本幅面的短边以整数倍增加后得出的。

课堂讨论：

    1. 一张 A0 图纸面积是多少？

    2. 一张 A0 图纸可裁几张 A4 图纸？

二、图框格式（GB/T 14689—2008）

图框格式分为留装订边和不留装订边两种，如图 1-7 所示。

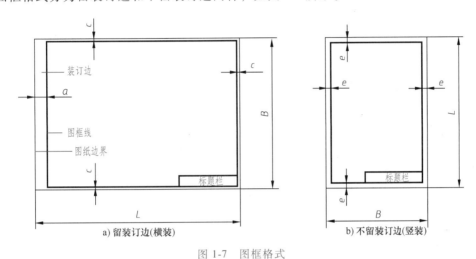

图 1-7　图框格式

图纸可以横装或竖装，如图 1-7 所示。一般 A0、A1、A2、A3 图纸采用横装，A4 及 A4 以后的图纸采用竖装。

图框右下角必须画出标题栏，标题栏中的文字方向为看图方向。为了使图样复制时定位方便，在各边长的中点处分别画出对中符号（粗实线）。如果使用预先印制的图纸，需要改变标题栏的方位时，必须将其旋转至图纸的右上角。此时，为了明确绘图与看图的方向，应在图纸的下边对中符号处画出方向符号，如图 1-8 所示。

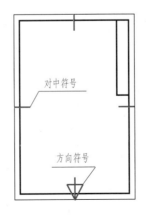

图 1-8　对中符号和方向符号

三、标题栏（GB/T 10609.1—2008）

国家标准对标题栏的内容、格式及尺寸做了统一规定，标题栏位于图框的右下角。在学校的制图作业中，为了简化作图，学生练习用标题栏建议采用图1-9所示的格式。

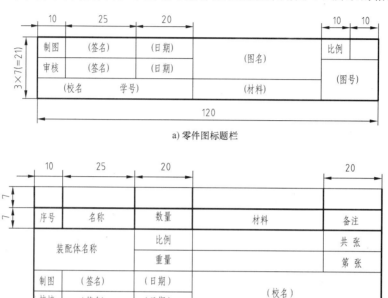

a) 零件图标题栏

b) 装配图标题栏

图 1-9　学生练习用标题栏

第三节　机械图样的字体和比例

本节主要介绍《机械制图》国家标准中有关图样字体和比例的基本规定，并能正确应用这些规定进行识图和绘图。

一、字体（GB/T 14691—1993）

图样中书写的汉字、数字和字母，必须做到：字体工整、笔画清楚、间隔均匀、排列整齐，如图1-10所示。字体的号数即字体的高度 h，分为8种：20、14、10、7、5、3.5、2.5、1.8（单位为 mm）。

汉字应写成长仿宋体字，并采用国家正式公布的简化字。汉字的高度 h 不应小于3.5mm，其字宽一般为字高 h 的 $1/\sqrt{2}$。数字和字母可写成直体或斜体，斜体字字头向右倾斜，与水平基准线成75°。在同一张图样上，只允许选用一种形式的字体。

课堂讨论：

计算机字体库里面并无长仿宋体，那如何实现用长仿宋体标注？

北汽福田汽车股份有限公司	会签 Signature	认可 Approval	核准 Confirm	审图 Inspection	检图 checking	设计 Design	制图 Drawing
元创开发股份有限公司 TRADETOOL,INTERNATIONAL LIMITED							
视角法 PROJECT ION	第三角法 3DDANGLEPROJECTI	部品图号；名称: (PART NO.NAME)	P1280020001A0/U1280020001A0左/右纵梁总成-30#				
材料材质 MATERIAL	一组份 QTR/VHCL	名称 (NAME)	ASSY 夹具总组立图				
	1						
比例 SCALE	制作数 PROD.QTY	机种代号 TYPE ITEM	作成日期 PREP ARED			图番 DRAWING NO.	
1:1	L*1 R*1	PU201	2009.02.28			1/1	

图 1-10 图样中汉字、数字和字母的书写

二、比例（GB/T 14690—1993）

比例是指图样中图形与其实物相应要素的线性尺寸之比。绘图时，应从表 1-2 规定的系列中选取。

表 1-2 常用比例

种类	比 例					
原值比例	1：1					
放大比例	2：1	2.5：1	4：1	5：1	10：1	
缩小比例	1：1.5	1：2	1：2.5	1：3	1：4	1：5

为了在图样上直接反映实物的大小，绘图时应优先采用原值比例。若实物太大或太小，可采用缩小比例或放大比例绘制。选用比例的原则是有利于图形的清晰表达和保证图纸幅面的有效利用。

课堂讨论：
同一个物体用不同比例绘制的图样，图样中的尺寸如何标注？

必须注意，不论采用何种比例绘图，标注尺寸时，均按实物的实际尺寸大小注出，如图 1-11 所示。

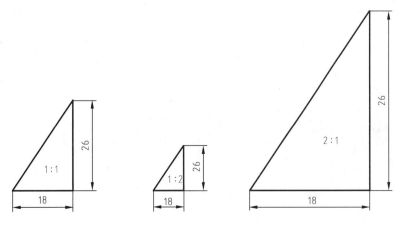

图 1-11 不同比例绘制的图形

例 1-1：阅读图 1-12 所示零件图标题栏。

北汽福田汽车股份有限公司		会签 Signature	认可 Approval	核准 Confirm	审图 Inspection	检图 checking	设计 Design	制图 Drawing
元创开发股份有限公司 TRADETOOL,INTERNATIONAL LIMITED								
视角法 PROJECT ION	第三角法 3DDANGLEPROJECTI	部品图号；名称：P1280020001A0/U1280020001A0左/右纵梁总成-30# (PART NO.NAME)						
材料材质 MATERIAL Q235A	一组份 QTR/VHCL 1	名称 (NAME)		TC-B01 气缸连接座				
比例 SCALE	制作数 PROD.QTY	机种代号 TYPE ITEM		作成日期 PREP ARED		图番 DRAWING NO.		
1:2	L*10 R*10	PU201		2009.02.28		2/9		

图 1-12　零件图标题栏

通过阅读标题栏，可知该零件的名称是气缸连接座，选用的材料是 Q235A，作图比例为 1：2 等方面的知识。

第四节　机械图样中的图线

本节主要介绍《机械制图》国家标准中有关图样中图线的基本规定，并能正确应用这些规定进行识图和绘图。

一、图线型式及应用（GB/T 4457.4—2002）

《机构制图　图样画法图线》国家标准规定了绘制各种技术图样的 15 种基本线型，根据基本线型及其变形，在机械图样中使用 9 种图线，其名称、型式、宽度见表 1-3，图线应用示例如图 1-13 所示。绘图时应采用国家标准规定的图线型式和画法。

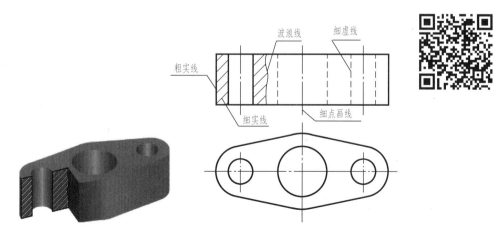

图 1-13　图线应用示例

表 1-3 图线名称、型式、宽度与应用（摘自 GB/T 4457.4—2002）

图线名称	图线型式	图线宽度	一般应用举例
粗实线	——————————	d	可见轮廓线
细实线	—————————	$d/2$	尺寸线及尺寸界线 剖面线 重合断面的轮廓线 过渡线
波浪线	∿∿∿	$d/2$	断裂处的边界线 视图与剖视图的分界线
细虚线	- - - - - - -	$d/2$	不可见轮廓线
细点画线	— · — · —	$d/2$	轴线 对称中心线
粗点画线	▬ · ▬ · ▬	d	限定范围表示线
细双点画线	— ·· — ·· —	$d/2$	中断线 可动零件的极限位置的轮廓线 轨迹线
双折线	——⋀——⋀——	$d/2$	断裂处的边界线 视图与剖视图的分界线
粗虚线	▬ ▬ ▬ ▬ ▬	d	允许表面处理的表示线

二、图线宽度

机械图样中采用粗、细两种图线宽度，线宽的比例关系为 2∶1。图线的宽度（d）应按照图样的类型和大小，在下列数系中选取：0.13、0.18、0.25、0.35、0.5、0.7、1.0、1.4、2（单位为 mm）。粗线宽度通常采用 0.5mm 或 0.7mm。为了保证图样清晰，便于复制，图样上尽量避免出现线宽小于 0.18mm 的图线。

三、图线画法注意事项

图线画法的注意事项如图 1-14 所示。

1）在同一图样中，同类图线的宽度应一致，虚线、点画线、双点画线的线段长度和间隔应大致相同。

2）虚线、点画线的相交处应是线段，而不应是点或间隔处。

3）虚线在粗实线的延长线上时，虚线应留出间隙。

4）细点画线伸出图形轮廓的长度一般为 2~3mm。当细点画线较短时，允许用细实线代替。

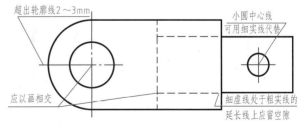

图 1-14 图线画法的注意事项

5）图线重叠时，应根据粗实线、细实线、细点画线的顺序，按照画前一种的原则进行。

第五节　机械图样的尺寸标注

图形只能表示物体的结构形状，物体的大小是由标注的尺寸确定的。尺寸是机械图样中的重要内容之一，是制造机械零件的直接依据。

一、尺寸标注的依据（GB/T 16675.2—2012、GB/T 4458.4—2003）

尺寸是制造零件的直接依据，标注尺寸时，必须严格遵守国家标准的有关规定，做到尺寸标注正确、齐全、清晰和合理。

二、尺寸的要素

尺寸由尺寸界线、尺寸线和尺寸数字三个要素组成，如图1-15所示。尺寸界线和尺寸线画成细实线，尺寸线的终端有箭头和斜线两种形式，如图1-16a、b所示。通常机械图样的尺寸线终端画箭头，当没有足够的地方画箭头时，可用小圆点代替，如图1-16c所示。

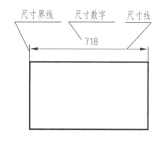

图1-15　尺寸的要素

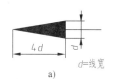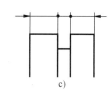

a)　　　　　　　　　b)　　　　　　　　c)

图1-16　箭头画法及尺寸线的终端形式

三、尺寸标注的基本规则

1）机件的真实大小应以图样上所注的尺寸数值为依据，与图形的比例及绘图的准确度无关。

2）图样中的尺寸以mm为单位时，不必标注计量单位的符号（或名称）。表面粗糙度数值以μm为单位，在后面的识图中应注意。

3）图样中所注的尺寸为该图样所示机件的最后完工尺寸，否则应另加说明。

4）标注尺寸时，较小的尺寸标在靠近图形的里面，较大的尺寸在外面，尺寸线尽量不要相交。机件的每一尺寸一般只标注一次，并应标注在表示该结构最清晰的图形上。

5）尺寸数字中间不允许任何图线穿过。

6）圆或大于半圆圆弧的直径尺寸在尺寸数字前加一字母 ϕ，半圆或小于半圆的圆弧要标注半径，在尺寸数字前加一字母 R。标注球的直径或半径用 $S\phi$、SR，以与圆区别开来。

四、尺寸标注常用的符号和缩写词

标注尺寸时,应尽可能使用符号和缩写词,常用的符号和缩写词见表1-4。

表1-4 尺寸标注常用的符号和缩写词

名称	符号或缩写词	名称	符号或缩写词
直径	ϕ	厚度	t
半径	R	正方形	□
球直径	$S\phi$	45°倒角	C
球半径	SR	深度	▼
弧长	⌒	沉孔或锪平	⊔
均布	EQS	埋头孔	∨

五、尺寸标注示例

尺寸标注示例见表1-5。

表1-5 尺寸标注示例

项目	图 例	说 明
线性尺寸的标注	a) b)	线性尺寸数字的注写方向如图a所示,并尽量避免在30°范围内标注尺寸,当无法避免时,可按图b所示标注
角度的标注		角度的数字应水平注写,一般注写在尺寸线的中断处,必要时也可注写在尺寸线的上方、外侧或引出标注
大圆弧半径的标注		当圆弧半径过大或在图纸范围内无法标出其圆心位置时,可按如图所示标注

（续）

项 目	图 例	说 明
小尺寸的标注	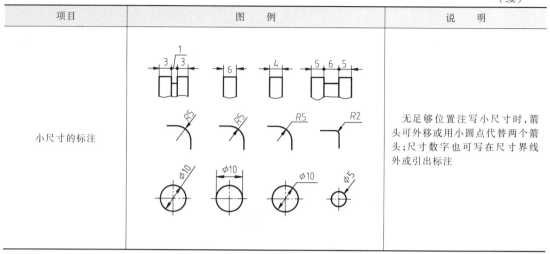	无足够位置注写小尺寸时,箭头可外移或用小圆点代替两个箭头;尺寸数字也可写在尺寸界线外或引出标注

例1-2：分析图1-17a所示尺寸标注的错误之处，并改正过来。

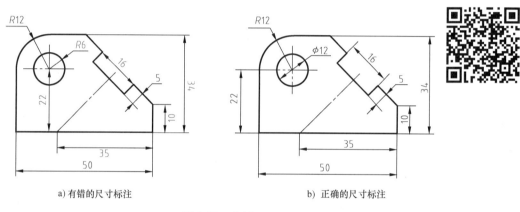

a) 有错的尺寸标注　　　　　　　　b) 正确的尺寸标注

图1-17　实例

解：图1-17a所示尺寸标注的错误之处有：

1）尺寸35应在尺寸线的上方。

2）尺寸10应在尺寸线的左侧。

3）尺寸34应在尺寸线的左侧，以及书写方向不对。

4）尺寸$R6$为整圆，应标注直径尺寸$\phi12$。

5）尺寸16的尺寸线不能在轮廓线的延长线上。

6）尺寸22的尺寸线不能和中心线重合。

正确的尺寸标注如图1-17b所示。

课堂讨论：

在识读机械图样中的尺寸时，如何区别6和9？

第二章

尺 规 作 图

　　尺规作图是指用铅笔、丁字尺、三角板和圆规等绘图仪器和工具来绘制机械图样，它是工程技术人员必备的基本技能。

第一节　线段和圆的等分

　　线段和圆的等分在作图过程中经常会用到，本节将介绍线段和圆的任意等分法。

一、线段的等分

　　线段 2、4 等分的作图方法如图 2-1 所示。

　　若要将线段 3、5 等分，又将如何作图？下面介绍线段的任意等分法。

　　将已知线段 AB 作 5 等分，作图步骤如图 2-2 所示：

　　1）过 A 点任意锐角作一条直线 AC。

　　2）由 A 点往 C 点方向作相等的 5 等分，注意第 5 等分点不能超过 C 点。

　　3）连接第 5 等分点和 B 点。

　　4）分别过 4、3、2 和 1 等分点作 $5B$ 线段的平行线，交点即为所求。

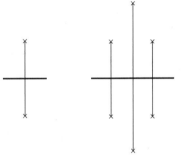

图 2-1　线段 2、4 等分

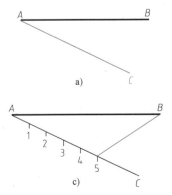

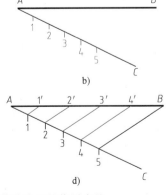

图 2-2　5 等分线段的作图步骤

课堂讨论：

　　线段的等分还有其他方法吗？哪一种等分方法要更准确些？

二、圆的等分

圆的 2、3、4、6 等分见表 2-1。

表 2-1　圆的 2、3、4、6 等分

2 等分	3 等分	4 等分	6 等分

课堂讨论：

　　圆的 5、7、9 等分如何分？

　　下面介绍一种圆的任意等分方法，将已知圆作 5 等分，如图 2-3 所示，作图步骤如下：

1）先 5 等分直径 MN。

2）以 N 点为圆心，以直径 MN 长为半径画弧，交水平直径的延长线于 E 点和 F 点。

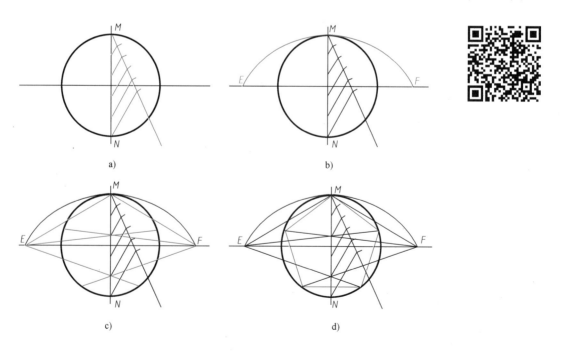

图 2-3　5 等分圆的作图步骤

3）自点 E 和点 F 与直径 MN 上偶数等分点（或奇数等分点）连线，并延长至圆周，即得 5 等分点。

4）连接各等分点，可作出圆的内接正五边形。

第二节 斜度和锥度图形的画法与标注

斜度和锥度图形在作图过程中也会用到，本节介绍斜度和锥度图形的画法。

一、斜度的应用

斜度在生活中的一些应用实例，如图 2-4 所示。

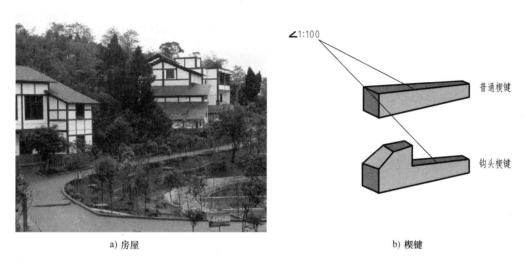

a) 房屋　　　　　　　　　　　　b) 楔键

图 2-4　斜度的应用

课堂讨论：
斜度在日常生活中还有哪些应用实例？

二、斜度的画法与标注

1. 斜度（GB/T 4096—2001、GB/T 4458.4—2003）
斜度是指一直线（或一平面）对另一直线或（一平面）的倾斜程度。其大小用它们之间的夹角正切值来表示，习惯上把比例的前项化为 1，而写成 $1:n$ 的形式。

2. 斜度的画法
如图 2-5a 所示的斜度，其作图步骤如下：
1）作斜度 $1:6$ 的辅助线，如图 2-5b 所示。
2）结果如图 2-5c 所示，完成作图。

3. 斜度的标注
标注斜度时，符号方向应与斜度的方向一致，如图 2-6 所示。

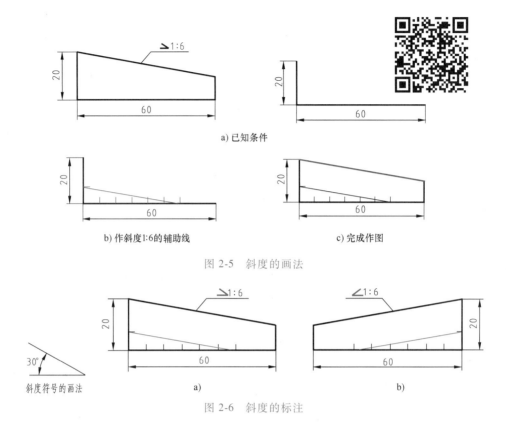

a) 已知条件

b) 作斜度1:6的辅助线

c) 完成作图

图 2-5 斜度的画法

斜度符号的画法

a)

b)

图 2-6 斜度的标注

三、锥度的应用

锥度在生活中的一些应用实例，如图 2-7 所示。

a) 锥形屋顶

b) 锥度环塞规

图 2-7 锥度的应用

课堂讨论：

　　锥度在日常生活中还有哪些应用实例？

四、锥度的画法与标注

1. 锥度（GB/T 157—2001、GB/T 4458.4—2003）

锥度是指正圆锥体的底面直径与锥体高度之比。如果是圆锥台，则为上、下两底圆的直径差与圆锥台高度之比值，如图 2-8 所示。锥度在图样上以 $1:n$ 的简化形式表示。

2. 锥度的画法

如图 2-9a 所示锥度，其作图步骤如下：

1）作锥度 $1:3$ 的辅助线，如图 2-9b 所示。

2）结果如图 2-9c 所示，完成作图。

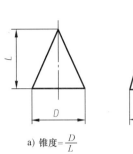
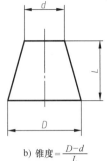

a) 锥度 $=\dfrac{D}{L}$　　　b) 锥度 $=\dfrac{D-d}{L}$

图 2-8　锥度

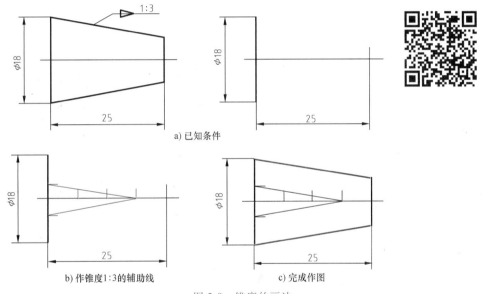

a) 已知条件

b) 作锥度 1:3 的辅助线

c) 完成作图

图 2-9　锥度的画法

3. 锥度的标注

标注锥度时，锥度符号的尖端应与圆锥的锥顶方向一致，如图 2-10 所示。

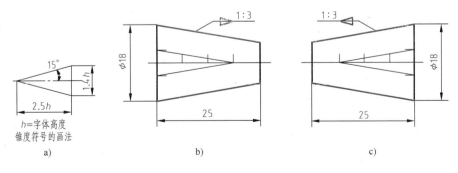

h=字体高度
锥度符号的画法

a)　　　　b)　　　　c)

图 2-10　锥度的标注

第三节　圆　弧　连　接

机械零件的内外轮廓通常采用圆弧连接，本节主要介绍两条直线之间和两圆弧之间的圆弧连接。

一、两条直线之间的圆弧连接

两条直线之间的圆弧连接，作图步骤如图 2-11 所示。

（1）求圆心　分别作与两条已知直线距离为 R 的平行线，交点 O 即为连接弧的圆心。

（2）求切点　由点 O 分别作两条直线的垂线，垂足即为切点。

（3）连接　以点 O 为圆心、R 为半径画弧，即可完成圆弧连接。

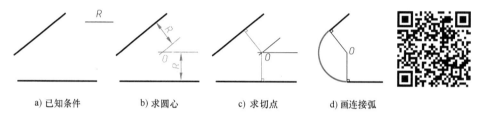

a) 已知条件　　　　b) 求圆心　　　　c) 求切点　　　　d) 画连接弧

图 2-11　两已知直线的圆弧连接

课堂讨论：

下面图形如何用已知圆弧连接？

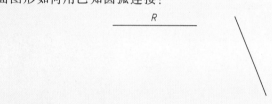

二、两圆弧之间的圆弧连接

1. 示例 1——外切

用圆弧连接两圆弧，作图步骤如图 2-12 所示。

（1）求圆心　分别以 O_1 和 O_2 为圆心，以 $R+R_1$ 和 $R+R_2$ 为半径画弧，两弧的交点 O 即为连接弧的圆心。

（2）求切点　连接 OO_1 和 OO_2，分别与已知圆交于 M 和 N 两点，M 和 N 两点即为切点。

（3）连接　以点 O 为圆心、R 为半径画弧，即可完成圆弧外切连接。

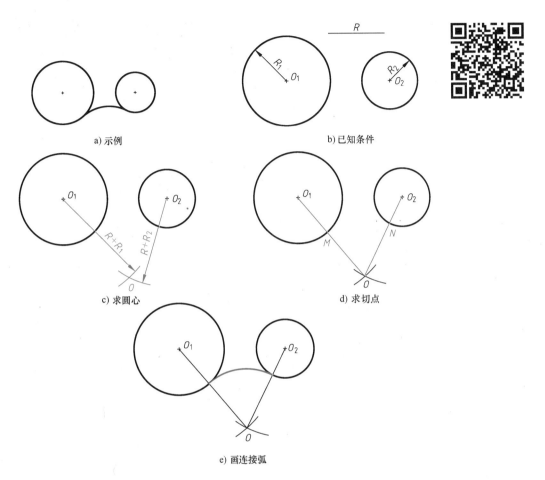

a) 示例　　　　　　　　b) 已知条件

c) 求圆心　　　　　　　d) 求切点

e) 画连接弧

图 2-12　两圆弧的圆弧连接（外切）

2. 示例 2——内切

用圆弧连接两圆弧，作图步骤如图 2-13 所示。

（1）求圆心　分别以 O_1 和 O_2 为圆心，以 $R-R_1$ 和 $R-R_2$ 为半径画弧，两弧的交点 O 即为连接弧的圆心。

（2）求切点　连接 OO_1 和 OO_2，并延长与已知圆交于 E 和 F 两点，E 和 F 两点即为切点。

（3）连接　以点 O 为圆心、R 为半径画弧，即可完成圆弧内切连接。

3. 示例 3——内外切

用圆弧连接两圆弧，作图步骤如图 2-14 所示。

（1）求圆心　分别以 O_1 和 O_2 为圆心，以 $R+R_1$ 和 $R-R_2$ 为半径画弧，两弧的交点 O 即为连接弧的圆心。

（2）求切点　连接 OO_1 与已知圆交于 A 点，连接 OO_2 并延长与已知圆交于 B 点，A、B 两点即为切点。

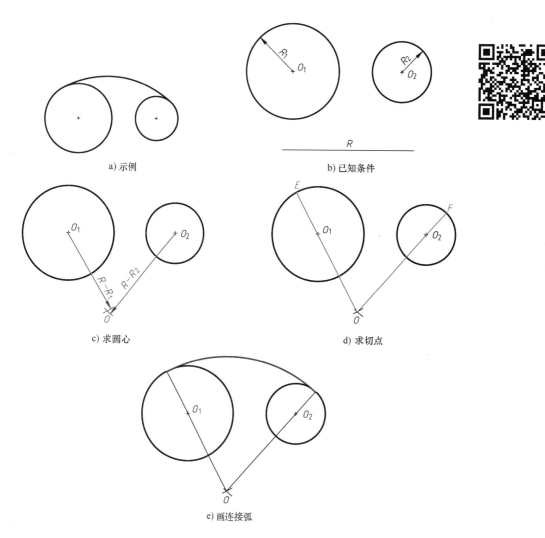

a) 示例

b) 已知条件

c) 求圆心

d) 求切点

e) 画连接弧

图 2-13　两圆弧的圆弧连接（内切）

（3）连接　以点 O 为圆心、R 为半径画弧，即可完成圆弧内外切连接。

课堂讨论：

如何用已知圆弧连接下列图形？

示例

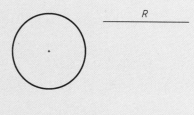

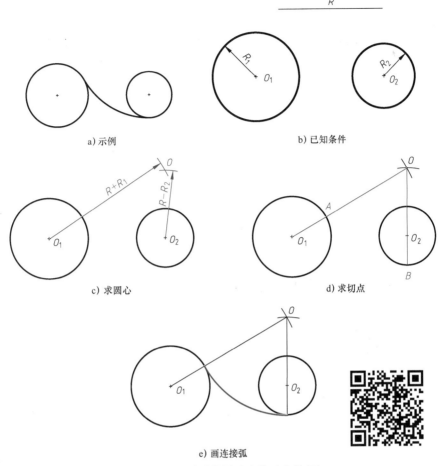

a) 示例

b) 已知条件

c) 求圆心

d) 求切点

e) 画连接弧

图 2-14 两圆弧的圆弧连接（内外切）

第四节 平面图形的分析与作图

平面图形是想象立体图形的基础，本节介绍平面图形的分析方法和作图步骤。

一、平面图形的分析

平面图形是由若干条直线和曲线封闭连接组合而成，这些线段之间的相对位置和连接关系根据给定的尺寸来确定。在平面图形中，有些线段的尺寸已完全给定，可以直接画出，而有些线段要按照相切的连接关系画出。因此，绘图前应对所绘图形进行分析，从而确定正确的作图方法和步骤。

二、平面图形的分析步骤

1. 尺寸分析

平面图形中所标注尺寸按其作用可分为两大类：定形尺寸和定位尺寸，如图 2-15 所示。

（1）定形尺寸 确定图形中各线段形状、大小的尺寸，如 $\phi16$、$\phi26$、$R58$、$R8$、$R30$、

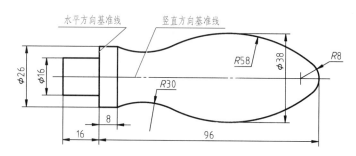

图 2-15　平面图形的尺寸分析

16 和 8。一般情况下确定几何图形所需定形尺寸的个数是一定的，如矩形的定形尺寸是长和宽，圆和圆弧的定形尺寸是直径或半径等。

（2）定位尺寸　确定图形中各线段间相对位置的尺寸，如尺寸 96 和 φ38 是以图 2-15 所示"水平方向基准线"和"竖直方向基准线"为基准确定手柄上下对称面，即 R8 圆心位置的定位尺寸。必须注意，有时一个尺寸既是定形尺寸，又是定位尺寸。如尺寸 8 既是矩形的长，又是 R30 圆弧水平方向的定位尺寸。

2. 线段分析

平面图形中有些线段具有完整的定形尺寸和定位尺寸，可根据标注的尺寸直接画出；有些线段的定形尺寸和定位尺寸并未全部注出，要根据已注出的尺寸和该线段与相邻线段的连接关系，通过几何作图才能画出。因此，通常按照线段的尺寸是否标注齐全将线段分为三种：已知线段、中间线段和连接线段，如图 2-16 所示。

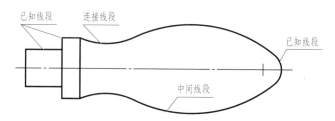

图 2-16　平面图形的线段分析

（1）已知线段　定形尺寸和定位尺寸全部注出的线段，如 φ16 和 16 矩形线框，φ26 和 8 矩形线框，R8 圆弧，均属于已知线段。

（2）中间线段　注出定形尺寸和一个方向的定位尺寸，必须依靠相邻线段间的连接关系才能画出的线段，如两个 R58 圆弧。

（3）连接线段　只注出定形尺寸，未注出定位尺寸的线段，其定位尺寸需根据该线段与相邻两线段的连接关系，通过几何作图方法求出，如两个 R30 圆弧。

图 2-15 所示手柄的作图步骤如下：

1）画基准线和定位线，如图 2-17a 所示。

2）画已知线段，如图 2-17b 所示。

3）画中间线段，如图 2-17c 所示。

4）画连接线段，如图 2-17d 所示。

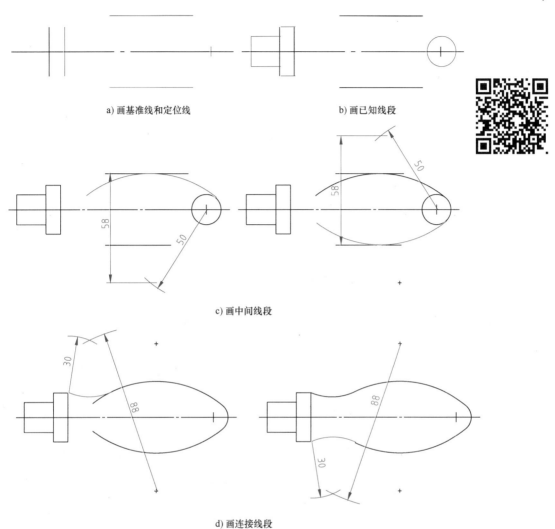

图 2-17　手柄平面图形的作图步骤

课堂讨论：

平面图形的作图误差是如何变化的？

三、尺规作图的操作步骤

1. 画图前的准备工作

准备好必需的绘图工具和仪器，将图纸固定在图板的适当位置，使绘图时丁字尺、三角板移动自如。

2. 布置图形

根据所画图形的大小和选定的比例，合理布图。图形尽量匀称、居中，并要考虑标注尺寸的位置，确定图形的基准线。

3. 画底稿

底稿宜用 H 或 2H 铅笔轻淡地画出。画底稿的一般步骤是：先画轴线或对称中心线，再画主要轮廓线，然后画细节之处。

4. 铅笔描深

描深图线前，要仔细检查底稿，纠正错误，擦去多余的作图线和图面上的污迹，按标准线型描深图线。描深图线的顺序为：

1）描深全部细线（H 或 2H 铅笔）。

2）描深全部粗实线（HB 或 B 铅笔）：先描深圆和圆弧，后描深直线；先描深水平线（先上后下），再描深垂直线、斜线（先左后右）。

5. 标注尺寸和填写标题栏

按国家标准有关规定在图样中标注尺寸和填写标题栏。

第三章

正投影作图基础

　　机械图样主要用正投影法绘制，因正投影图能准确表达物体的形状，度量性好，作图方便，所以在工程图上得到广泛应用。掌握正投影法的基本原理是识读和绘制机械图样的理论基础，也是本课程的核心内容。

第一节　投　影　法

　　物体在光线照射下会在地面或墙面上产生影子，对这种自然现象进行科学的抽象并加以归纳和总结，形成了投影法。

一、投影法分类

1. 中心投影法

　　投射线汇交于投影中心的投影方法称为中心投影法，如图 3-1 所示。日常生活中的投影仪、照相都是中心投影的实例。

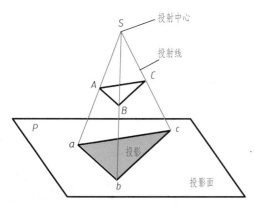

图 3-1　中心投影法

课堂讨论：

　　中心投影法在日常生活中还有哪些应用实例？

2. 平行投影法

投射线互相平行的投影方法称为平行投影法。**按投射线与投影面倾斜或垂直，平行投影法又分为斜投影法和正投影法，如图 3-2 所示。**

（1）斜投影法　投射线与投影面相倾斜的平行投影法。

（2）正投影法　投射线与投影面相垂直的平行投影法。

由于正投影法所得到的正投影能准确反映物体的形状和大小，度量性好，作图简便，故机械图样采用正投影法绘制。

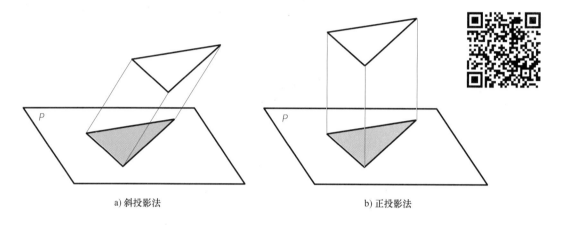

a) 斜投影法　　　　　　　　　　　　　　　b) 正投影法

图 3-2　平行投影法

二、正投影法基本性质

1. 真实性

当直线或平面平行于投影面时，直线的投影反映实长，平面的投影反映实形，这种投影特性称为真实性，如图 3-3a 所示。

2. 积聚性

当直线或平面垂直于投影面时，直线的投影积聚成点，平面的投影积聚成一条直线，这种投影特性称为积聚性，如图 3-3b 所示。

3. 类似性

当直线或平面倾斜于投影面时，直线的投影仍为直线，但小于实长；平面的投影是其原图形的类似形，这种投影特性称为类似性，如图 3-3c 所示。

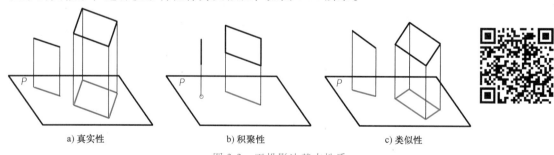

a) 真实性　　　　　　　　　b) 积聚性　　　　　　　　　c) 类似性

图 3-3　正投影法基本性质

三、三视图的形成及投影规律

1. 三视图的由来

只有一个视图是不能完整地表达物体形状的，如图 3-4 所示。所以，要反映物体的完整形状，必须增加由不同投射方向得到的投影图，互相补充，才能将物体表达清楚。工程上常用三投影面体系来表达简单物体的形状，如图 3-5 所示。三投影面体系中的三个投影面两两互相垂直相交，交线 OX、OY 和 OZ 称为投影轴，三根投影轴交于一点 O，称为原点。正立投影面 V 简称正面，水平投影面 H 简称水平面，侧立投影面 W 简称侧面。

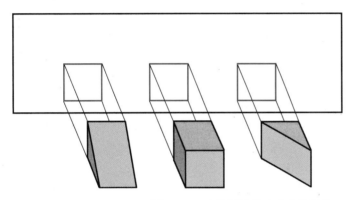

图 3-4　一个视图不能确定物体形状

2. 三视图的形成

三投影面体系中的方位关系，如图 3-6a 所示。

由前向后投射，物体在正面上的投影称为主视图。

由上向下投射，物体在水平面上的投影称为俯视图。

由左向右投射，物体在侧面上的投影称为左视图。

为了画图和看图方便，必须使处于

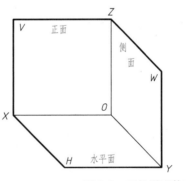

图 3-5　三投影面体系

空间位置的三视图在同一个平面上表示出来。为此作出如下变动：V 面保持不动，H 投影面绕 OX 轴向下旋转 90°与 V 面在同一平面内，W 投影面绕 OZ 轴向右旋转 90°与 V 面在同一平面内，如图 3-6b 所示。空间的点、线和面所用字母一律大写，如 A，B，C…。在 H 面上的投影用相应的小写字母表示，如 a，b，c…。V 面上的投影用小写字母加一撇表示，如 a′，b′，c′…。W 面上的投影用小写字母加两撇表示，如 a″，b″，c″…。从图 3-6b 所示中可以看出：主视图反映物体的左右、上下方位，俯视图反映物体的左右、前后方位，左视图反映物体的上下、前后方位。机械制图规定：左右方向为物体的"长"，前后方向为物体的"宽"，上下方向为物体的"高"。

3. 三视图的投影规律

三视图之间的相对位置是固定的，即主视图定位后，俯视图在主视图的正下方，左视图

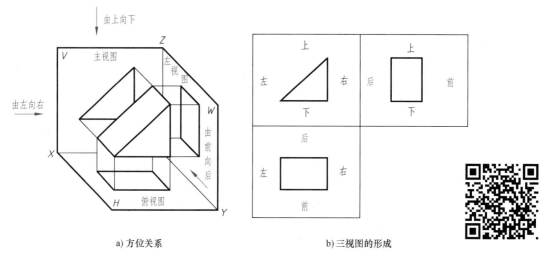

a) 方位关系

b) 三视图的形成

图 3-6 三视图

在主视图的正右方，各视图的名称不需标注。主视图和俯视图都反映物体的长度，主视图和左视图都反映物体的高度，俯视图和左视图都反映物体的宽度。因为一个物体只有一个长、宽和高，由此得出三视图具有"长对正、高平齐、宽相等"（3 等）的投影规律。

作图时，为了实现"俯视图和左视图宽相等"，可利用由原点 O（或其他点）作 45°辅助线，求其对应关系，如图 3-7 所示。应当指出，无论是整个物体或物体的局部，在三视图中其投影都必须符合"长对正、高平齐、宽相等"的关系。

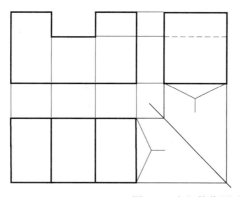

图 3-7 宽相等作图法

课堂讨论：

还有其他方法保证宽相等吗？

四、物体三视图的画法及作图步骤

画物体三视图时，首先要分析其形状特征，选择主视图的投射方向，并使物体的主要表面与相应的投影面平行，主视图的选择原则后面章节有详细介绍。如图 3-8a 所示的物体，以图示方向作为主视图的投射方向。画三视图时，应先画反映形状特征的视图，再按投影关系画出其他视图。

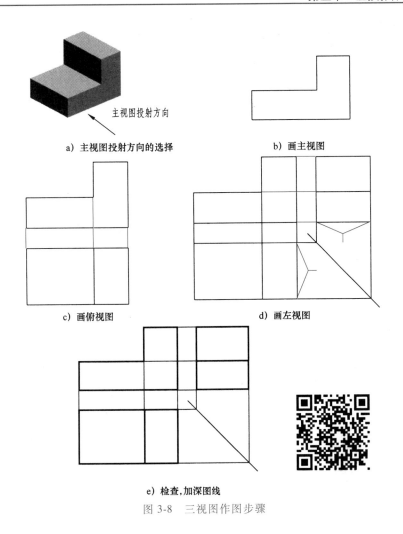

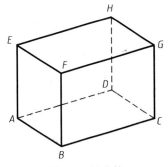

e) 检查,加深图线

图 3-8 三视图作图步骤

第二节 点 的 投 影

任何物体的表面都包含点、线和面等几何元素,如图 3-9 所示长方体,就是由 8 个点、12 条直线和 6 个平面组成。绘制长方体的三视图,实际上就是画出构成长方体表面的这些点、直线和平面的投影。因此,要正确、迅速地表达物体,必须掌握这些几何元素的投影特性和作图方法,对今后的画图和读图具有重要意义。

一、一般位置点的投影

空间点的位置可由该点的坐标 (x, y, z) 确定,x 表示点到 W 面的距离,y 表示点到 V 面的距离,z 表示点到 H 面的距离。点的三个坐标中没有哪个坐标值为零,这样的空间点称为一般位置点,如图 3-10a 所示。x 坐标确定空间点在

图 3-9 长方体

投影面体系中的左右位置，y 坐标确定空间点在投影面体系中的前后位置，z 坐标确定空间点在投影面体系中的高低位置。x 坐标值越大，点越靠左。y 坐标值越大，点越靠前。z 坐标值越大，点越高。

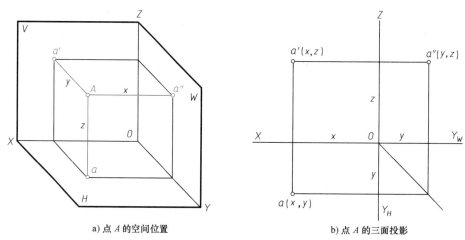

a) 点 A 的空间位置　　　　　　　　　　　　　b) 点 A 的三面投影

图 3-10　一般位置点的投影

点 A 三面投影的坐标分别为 a（x，y），a'（x，z），a''（y，z），点的投影永远是点，如图 3-10b 所示。知道点的空间坐标，即可作出点的三面投影。

例 3-1：已知点 B（28，36，25），求作它的三面投影。

分析

根据点的空间直角坐标值的含义可知：$x = 28\mathrm{mm}$，$y = 36\mathrm{mm}$，$z = 25\mathrm{mm}$。

作图

1）由点 O 往 OX 轴方向量取尺寸 28mm，得到一个交点 m，如图 3-11a 所示。

2）通过点 m 往 OY_H 轴方向作 OY_H 轴平行线，尺寸为 36mm，即得空间点 B 的水平投影 b，如图 3-11b 所示。

3）通过点 m 往 OZ 轴方向作 OZ 轴平行线，尺寸为 25mm，即得空间点 B 的正面投影 b'，如图 3-11b 所示。

4）由"高平齐"、"宽相等"的投影规律，即可作出空间点 B 的侧面投影 b''，如图 3-11c 所示。

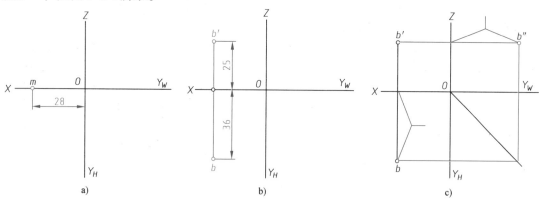

a)　　　　　　　　　　　　　b)　　　　　　　　　　　　　c)

图 3-11　由点的坐标作点的三面投影

例 3-2：已知点的两面投影，求作其第三面投影。

分析

根据点的两面投影，可确定点的空间三个坐标，因而点的第三面投影能唯一作出。

作图

1）由"高平齐"、"宽相等"的投影规律，即可作出空间点 C 的侧面投影 c''，如图 3-12a所示。

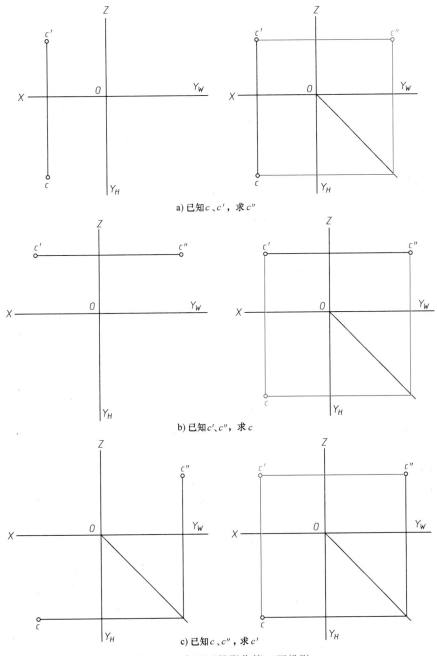

a) 已知c、c'，求c''

b) 已知c'、c''，求c

c) 已知c、c''，求c'

图 3-12　由两面投影作第三面投影

2）由"长对正"、"宽相等"的投影规律，即可作出空间点 C 的水平投影 c，如图3-12b 所示。

3）由"长对正"、"高平齐"的投影规律，即可作出空间点 C 的正面投影 c'，如图 3-12c所示。

二、特殊位置点的投影

1. 点在投影面上

空间点的三个坐标值中有一个为零，该点即在投影面上，如图 3-13 所示。

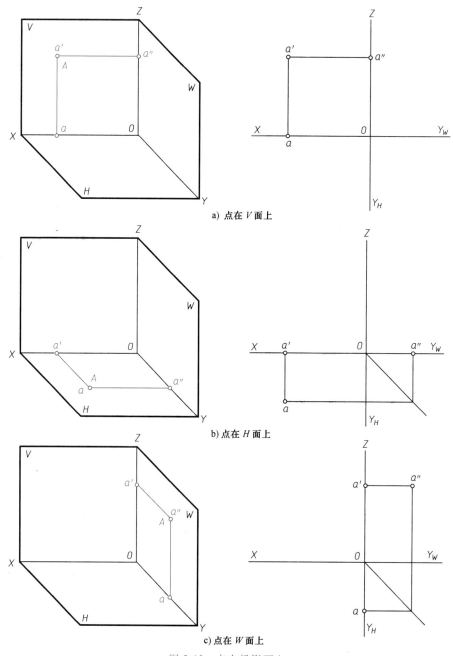

a) 点在 V 面上

b) 点在 H 面上

c) 点在 W 面上

图 3-13　点在投影面上

点在投影面上，其三面投影中有一个投影在投影面上，另外两个投影在投影轴上。

2. 点在投影轴上

空间点的三个坐标值中有两个为零，该点即在投影轴上，如图 3-14 所示。

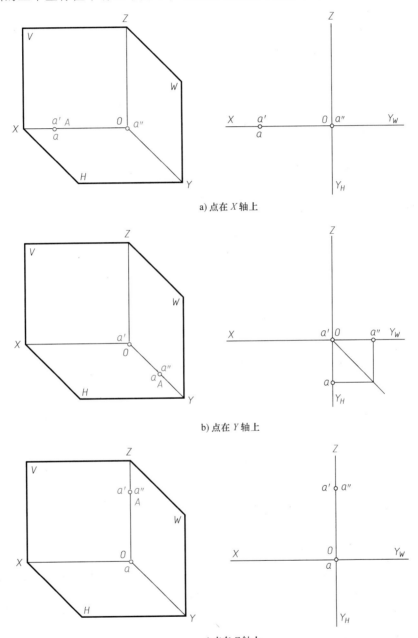

a) 点在 X 轴上

b) 点在 Y 轴上

c) 点在 Z 轴上

图 3-14　点在投影轴上

点在投影轴上，其三面投影中有 1 个投影在坐标原点，另外两个投影在同一根投影轴上且重合。

三、重影点的投影

当空间两点的某两个坐标值相同时，该两点处于某一投影面的同一投影线上，则这两点对该投影面的投影重合于一点。空间两点的同面投影重合于一点的性质，称为重影性，该两点称为重影点。

重影点有可见性问题。在投影图上，如果两个点的投影重合，则对重合投影所在投影面的距离较大的那个点是可见的，而另一点是不可见的，应将不可见的字母用括号括起来，如 (a)、(c')、(b'') …。

如图 3-15 所示，A、B 两点的正面投影 a' 和 b' 重影成一点，但点 A 在点 B 的正前方。所以对 V 面来说，点 A 是可见的，用 a' 表示，点 B 是不可见的，用 (b') 表示。

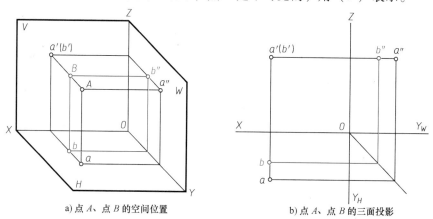

a) 点 A、点 B 的空间位置　　　　　b) 点 A、点 B 的三面投影

图 3-15　重影点的投影

第三节　直线的投影

一、一般位置直线的投影

本书所提直线的投影是指直线线段的投影，而不包括无限长直线的投影。根据"两点决定一条直线"的几何定理，在绘制直线的投影时，只要作出直线上任意两点的投影，再将两点的同面投影连接起来，即得到直线的三面投影。在三投影面体系中，若一条直线对三个投影面均处于倾斜位置，这样的直线称为一般位置直线，如图 3-16 所示。

一般位置直线的投影特性是：

1）在三个投影面上的投影均是倾斜直线。

2）投影长度均小于实长。

二、特殊位置直线的投影

1. 投影面平行线

在三投影面体系中，若一条直线只平行于一个投影面，而倾斜于其他两个投影面，这样

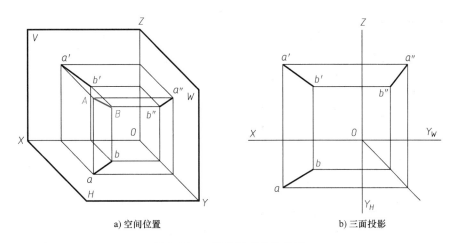

a) 空间位置　　　　　　　　　　b) 三面投影

图 3-16　一般位置直线的投影

的直线称为投影面平行线。

（1）正平线　平行于 V 面，而倾斜于 H、W 面的直线，如图 3-17 所示。

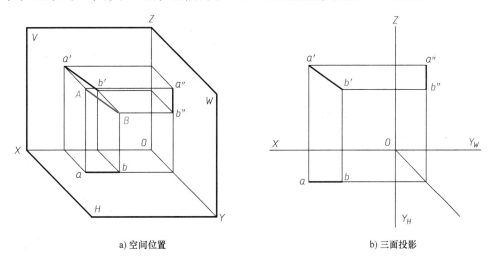

a) 空间位置　　　　　　　　　　b) 三面投影

图 3-17　正平线的投影

（2）水平线　平行于 H 面，而倾斜于 V、W 面的直线，如图 3-18 所示。

（3）侧平线　平行于 W 面，而倾斜于 H、V 面的直线，如图 3-19 所示。

投影面平行线的投影特性是：

1）在所平行的投影面上的投影为一段反映实长的斜线。

2）在其他两个投影面上的投影分别平行于相应的投影轴，其长度缩短。

2. 投影面垂直线

在三投影面体系中，若一条直线垂直于一个投影面，而与另外两个投影面平行，这样的直线称为投影面垂直线。

（1）正垂线　垂直于 V 面的直线，如图 3-20 所示。

（2）铅垂线　垂直于 H 面的直线，如图 3-21 所示。

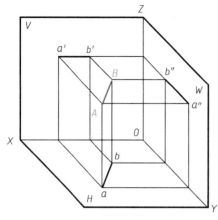

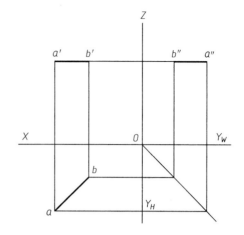

a) 空间位置   b) 三面投影

图 3-18　水平线的投影

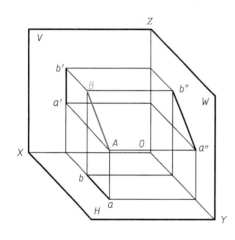

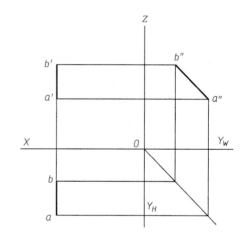

a) 空间位置   b) 三面投影

图 3-19　侧平线的投影

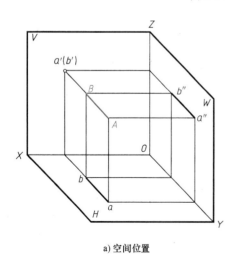

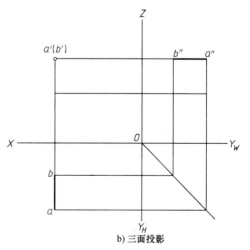

a) 空间位置   b) 三面投影

图 3-20　正垂线的投影

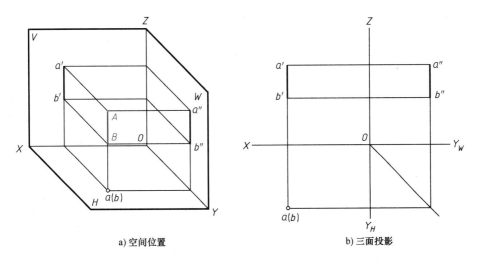

a) 空间位置　　　　　　　　　　　　　b) 三面投影

图 3-21　铅垂线的投影

（3）侧垂线　垂直于 W 面的直线，如图 3-22 所示。

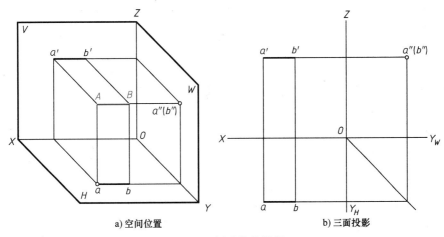

a) 空间位置　　　　　　　　　　　　　b) 三面投影

图 3-22　侧垂线的投影

投影面垂直线的投影特性是：

1）在所垂直的投影面上的投影积聚为一点。

2）在其他两个投影面上的投影分别平行于相应的投影轴，且反映实长。

课堂讨论：

　　直线与投影面还有其他位置关系吗？

第四节　平面的投影

一、一般位置平面的投影

　　在三投影面体系中，与三个投影面都处于倾斜位置的平面，称为一般位置平面，**如图**

3-23 所示。作平面的投影时，先找出能够决定平面的形状、大小和位置的一系列点，然后作出这些点的三面投影并连接这些点的同面（也称同名）投影，即得到平面的三面投影。

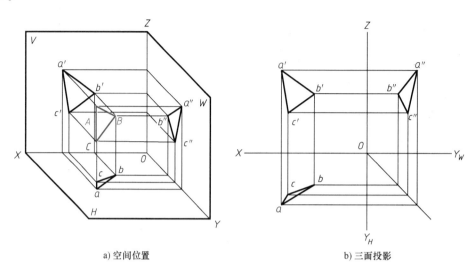

a) 空间位置　　　　　　　　　　b) 三面投影

图 3-23　一般位置平面的投影

一般位置平面的投影特性是：在三个投影面上的投影，均为原平面的类似形，而且形状缩小，不反映真实形状。

二、特殊位置平面的投影

1. 投影面平行面

平行于一个投影面，而垂直于其他两个投影面的平面，称为投影面平行面。

（1）正平面　平行于 V 面的平面，如图 3-24 所示。

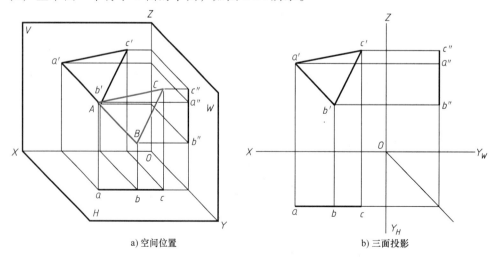

a) 空间位置　　　　　　　　　　b) 三面投影

图 3-24　正平面的投影

（2）水平面 平行于 H 面的平面，如图 3-25 所示。

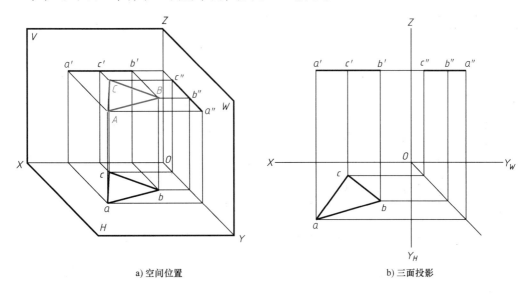

a) 空间位置   b) 三面投影

图 3-25 水平面的投影

（3）侧平面 平行于 W 面的平面，如图 3-26 所示。

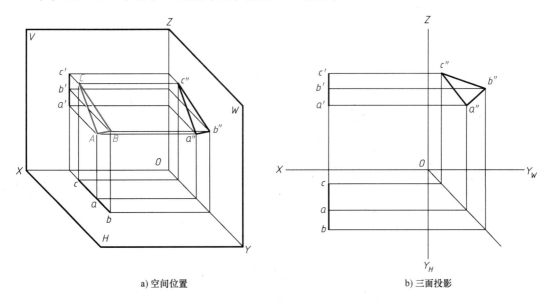

a) 空间位置   b) 三面投影

图 3-26 侧平面的投影

投影面平行面的投影特性是：

1）在所平行的投影面上的投影反映实形。

2）在其他两个投影面上的投影分别积聚成直线，且平行于相应的投影轴。

2. 投影面垂直面

垂直于一个投影面，而倾斜于其他两个投影面的平面，称为投影面垂直面。

（1）正垂面 垂直于 *V* 面的平面，如图 3-27 所示。

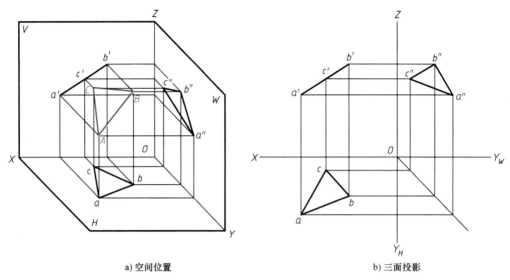

a) 空间位置   b) 三面投影

图 3-27　正垂面的投影

（2）铅垂面 垂直于 *H* 面的平面，如图 3-28 所示。

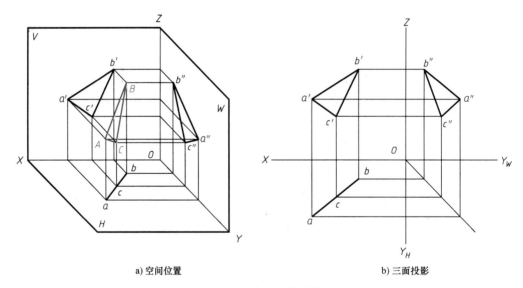

a) 空间位置   b) 三面投影

图 3-28　铅垂面的投影

（3）侧垂面 垂直于 *W* 面的平面，如图 3-29 所示。

投影面垂直面的投影特性是：

1）在所垂直的投影面上的投影积聚为一段斜线。

2）在其他两个投影面上的投影均为缩小的类似形。

课堂讨论：

　　平面与投影面还有其他位置关系吗？

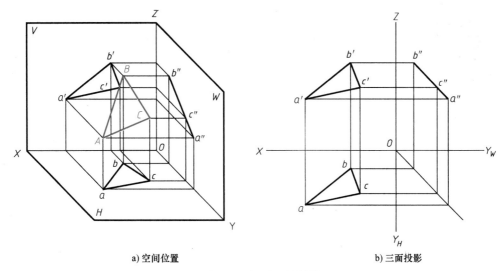

a) 空间位置　　　　　　　　　　　　b) 三面投影

图 3-29　侧垂面的投影

第四章

立体及其表面交线

任何物体都可以看成由基本体组合而成，基本体有平面立体和曲面立体两类。棱柱和棱锥的表面都是平面，属于平面立体。圆柱、圆锥和圆球的表面至少有一个表面是曲面，属于曲面立体。

工程上常见的机件多数具有立体被切割或两立体相交而形成截交线或相贯线，如图 4-1 所示。了解这些交线的性质并掌握交线的画法，有助于正确表达机件的结构形状以及读图时对机件进行形体分析。

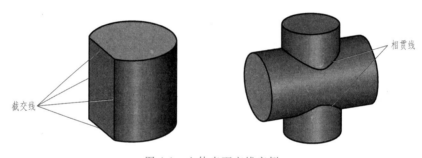

图 4-1 立体表面交线实例

第一节 基本体的投影作图

基本体有棱柱、棱锥、圆柱、圆锥和圆球，掌握基本体的投影作图，可为切割体及组合体的投影作图打下良好的基础。

一、棱柱的三视图及表面点的投影

1. 棱柱的应用

棱柱在生活中的一些应用实例，如图 4-2 所示。

课堂讨论：
    棱柱在日常生活中还有哪些应用实例？

2. 棱柱的投影分析及其三视图

（1）棱柱的投影分析 棱柱属于平面立体，其表面均是平面。图 4-3a 所示为一个正六

a) 塔

b) 螺栓和螺母

图 4-2　棱柱的应用实例

棱柱，它由 6 个侧面和上下两面共 8 面构成。6 个侧面为全等的长方形且与上下两个面均垂直，上下两个面为全等且相互平行的正六边形。投影作图时（以侧面 2 作为主视图方向），俯视图是一个正六边形线框，6 个侧面均具有积聚性，顶面 1 和底面反映实形。主视图是 3 个矩形线框，其中侧面 2 具有真实性且遮住后面那个侧面，侧面 3 和 4 相对于 V 面倾斜，具有相似性且各自遮住后面那个侧面，顶面 1 和底面都具有积聚性。左视图是两个矩形线框，前、后两个侧面和上、下两个平面共 4 个面具有积聚性，其余 4 个侧面具有相似性。

（2）作图步骤　正六棱柱投影作图时，首先画出俯视图，其次根据正六棱柱的高度和"长对正"投影规律画出主视图，最后根据"高平齐"和"宽相等"投影规律画出左视图，如图 4-3b 所示。

a) 正六棱柱立体图

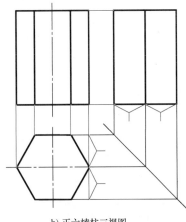

b) 正六棱柱三视图

图 4-3　正六棱柱

3. 棱柱表面点的投影

例 4-1：图 4-4b 所示为棱柱表面点 A 的一个投影，求其另外两个投影。

分析

空间点 A 在正六棱柱的顶面上，顶面在主视图中的投影具有积聚性，积聚成为一条直线，可方便地利用"长对正"的投影规律作出点 A 的主视图投影 a'；然后利用"高平齐"和"宽相等"的投影规律作出点 A 的左视图投影 a''。

作图

1）过点 a 利用"长对正"的投影规律作与棱柱主视图顶面的交点 a'，即为点 A 的正面投影，如图 4-4c 所示。

2）由"高平齐"、"宽相等"的投影规律可作出点 A 的左视图投影 a''，如图 4-4c 所示。

作图时应注意点 A 在不同投影面上的可见性判断，并注意保证宽相等。

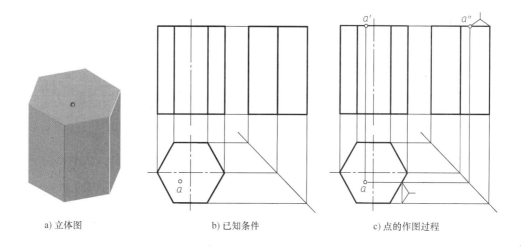

a) 立体图　　　　　b) 已知条件　　　　　c) 点的作图过程

图 4-4　求棱柱表面点的其余投影

二、棱锥的三视图及表面点的投影

1. 棱锥的应用

棱锥在生活中的一些应用实例，如图 4-5 所示。

a) 金字塔　　　　　　　　　　　b) 打米机

图 4-5　棱锥的应用实例

课堂讨论：

棱锥在日常生活中还有哪些应用实例？

2. 棱锥的投影分析及其三视图

（1）棱锥的投影分析 棱锥属于平面立体，其表面均是平面。图 4-6a 所示为一个正三棱锥，它由 3 个侧面和一个底面共 4 个面构成。3 个侧面为全等的等腰三角形，3 条棱线相交于一点，即锥顶。投影作图时，俯视图是 3 个等腰三角形线框，3 个侧面均具有相似性；底面投影反映实形，为一个等边三角形。主视图是 2 个直角三角形线框，3 个侧面均具有相似性；底面投影具有积聚性，积聚为一条直线。左视图是一个三角形线框，后面那个侧面具有积聚性，积聚为一条直线；其余 2 个侧面具有相似性，底面投影具有积聚性，积聚为一条直线。

（2）作图步骤 正三棱锥投影作图时，首先画出俯视图，其次根据正三棱锥的高度和"长对正"的投影规律画出主视图，最后根据"高平齐"和"宽相等"的投影规律画出左视图，如图 4-6b 所示。

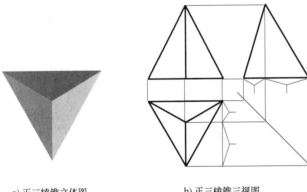

a) 正三棱锥立体图   b) 正三棱锥三视图

图 4-6 正三棱锥

3. 棱锥表面点的投影

例 4-2：图 4-7b 所示为棱锥表面点 C 的一个投影，求其另外两个投影。

分析

空间点 C 在正三棱锥右前方的一个侧面上，可利用辅助直线法作出点 C 的另外两个投影。

作图

1）由点 1 过点 c 作直线 12，再作出直线 12 的主视图投影 $1'2'$，如图 4-7c 所示。

2）通过点 c "长对正"的投影规律可作出点 C 的主视图投影 c'，如图 4-7c 所示。

3）由"高平齐"、"宽相等"的投影规律可作出点 C 的左视图投影 c''（不可见），如图 4-7c 所示。

作图时应注意点 C 在不同投影面上的投影均在直线的投影上，并判断投影的可见性为不可见。

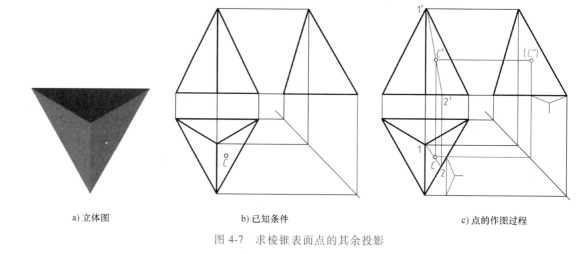

a) 立体图   b) 已知条件   c) 点的作图过程

图 4-7   求棱锥表面点的其余投影

三、圆柱的三视图及表面点的投影

1. 圆柱的应用

圆柱在生活中的一些应用实例，如图 4-8 所示。

a) 房屋柱子   b) 圆柱滚子轴承

图 4-8   圆柱的应用实例

课堂讨论：
圆柱在日常生活中还有哪些应用实例？

2. 圆柱的投影分析及其三视图

（1）圆柱的投影分析   圆柱属于曲面立体，它由圆柱面和上下两个平面构成，如图4-9a所示。投影作图时，俯视图是一个圆，上下两个平面具有真实性，反映实形；圆柱面具有积聚性，积聚成为一个圆。主视图是一个矩形线框，上下两个平面投影具有积聚性，积聚为一条直线。左视图也是一个矩形线框，只是反映的方位不一样。

（2）作图步骤   圆柱投影作图时，首先画出俯视图，其次根据圆柱的高度和"长对正"

的投影规律画出主视图，最后根据"高平齐"和"宽相等"的投影规律画出左视图，如图4-9b所示。

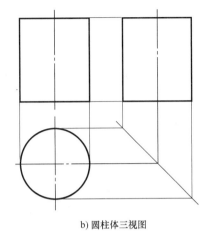

a) 圆柱体立体图

b) 圆柱体三视图

图 4-9 圆柱

3. 圆柱表面点的投影

例 4-3：图 4-10a 所示为圆柱表面点 D 的一个投影，求其另外两个投影。

分析

空间点 D 在主视图上的投影为不可见，为此可判断点 D 在圆柱右后表面上。我们可利用圆柱面在俯视图上的投影具有积聚性，先作出点 D 在俯视图上的投影 d，再利用"高平齐"和"宽相等"作出点 D 的左视图投影 d''，判断点 d'' 为不可见。

作图

1）过点 d' 通过"长对正"的投影规律作与圆柱俯视图的交点 d（交点有两个，因主视图为不可见，取后面一个交点），即为点 D 的水平投影 d，如图 4-10b 所示。

2）由"高平齐"和"宽相等"的投影规律可作出点 D 的左视图投影 d''（不可见），如图 4-10b 所示。

作图时应注意点 D 在不同投影面上的可见性判断。

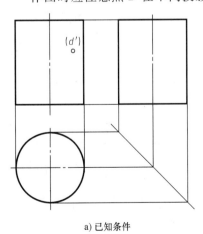

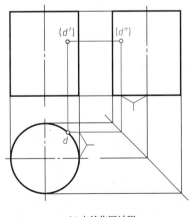

a) 已知条件

b) 点的作图过程

图 4-10 求圆柱表面点的其余投影

四、圆锥的三视图及表面点的投影

1. 圆锥的应用

圆锥在生活中的一些应用实例，如图 4-11 所示。

a) 交通路锥

b) 圆锥量规

c) 圆锥滚子轴承

图 4-11　圆锥的应用实例

课堂讨论：

　　圆锥在日常生活中还有哪些应用实例？

2. 圆锥的投影分析及其三视图

（1）圆锥的投影分析　圆锥属于曲面立体，它由圆锥面和底圆平面构成，如图 4-12a 所示。投影作图时，俯视图是一个圆，底圆平面具有真实性，反映实形。主视图是一个等腰三角形线框，其腰分别是圆锥体最左和最右的轮廓投影，底圆平面投影具有积聚性，积聚为一条直线。左视图也是一个等腰三角形线框，只是反映的方位不一样，反映的是圆锥体最前和

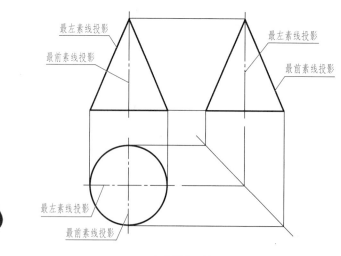

最左素线投影

最前素线投影

最左素线投影

最前素线投影

最左素线投影

最前素线投影

a) 圆锥体立体图

b) 圆锥体三视图

图 4-12　圆锥

最后的轮廓投影，底圆平面投影也具有积聚性，积聚为一条直线。

（2）作图步骤　圆锥投影作图时，首先画出俯视图，其次根据圆锥体的高度和"长对正"的投影规律画出主视图，最后根据"高平齐"和"宽相等"的投影规律画出左视图，如图 4-12b 所示。

3. 圆锥表面点的投影

例 4-4：图 4-13a 所示为圆锥表面点 F 的一个投影，求其另外两个投影。

分析

求圆锥表面点 F 的另外两个投影的方法有两种：辅助直线法和辅助平面法。辅助直线法就是把点 F 放到圆锥表面的一条直线上；辅助平面法就是把空间点 F 放到圆锥的一个平面上，先作出辅助平面的投影，再作出点的其余投影。

作图

1）用辅助直线法作图，如图 4-13b 所示。

2）用辅助平面法作图，如图 4-13c 所示。

作图时应注意使用辅助直线法和辅助平面法作点 F 其余投影的区别之处。

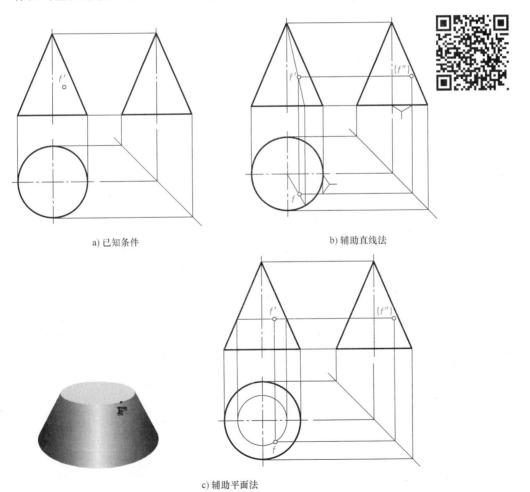

a) 已知条件　　　　　　　　　b) 辅助直线法

c) 辅助平面法

图 4-13　求圆锥表面点的其余投影

五、圆球的三视图及表面点的投影

1. 圆球的应用

圆球在生活中的一些应用实例，如图4-14所示。

a) 石球

b) 角接触球轴承

图4-14　圆球的应用实例

课堂讨论：

圆球在日常生活中还有哪些应用实例？

2. 圆球的投影分析及其三视图

（1）圆球的投影分析　圆球表面均是曲面，圆球属于曲面立体，如图4-15a所示。投影作图时，俯视图、主视图和左视图都是一个圆，只是方位不一样。俯视图反映前后和左右方向的最大轮廓，主视图反映左右和上下方向的最大轮廓，左视图反映前后和上下方向的最大轮廓。

（2）作图步骤　圆球投影作图时，首先确定各个视图的圆心位置，然后用圆球的半径画圆，即可作出圆球的三视图，如图4-15b所示。

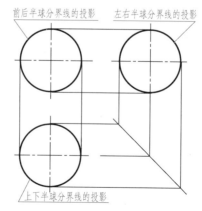

前后半球分界线的投影　　左右半球分界线的投影

上下半球分界线的投影

a) 圆球立体图

b) 圆球三视图

图4-15　圆球

3. 圆球表面点的投影

例 4-5：图 4-16b 所示为圆球表面点 N 的一个投影，求其另外两个投影。

分析

由于圆球的三个投影都没有积聚性，故点 N 的其余投影不能用积聚法求得。又由于圆球表面也不存在直线，因而点 N 的其余投影也不能用辅助直线法求得，此处可用辅助平面法求点 N 的其余投影。

作图

1）过点 n' 作一条水平线与圆相交，量取半径在俯视图中画圆，如图 4-16c 所示。

2）过点 n' 通过"长对正"的投影规律作一条直线与俯视图中的辅助圆相交（取前一个交点），交点 n 即为点 N 的水平投影，如图 4-16c 所示。

3）由"高平齐"和"宽相等"的投影规律即可作出点 N 的侧面投影 n''，如图 4-16c 所示。

作图时应注意：圆球表面点 N 的其余投影不能用辅助直线法求得，只能用辅助平面法求得。

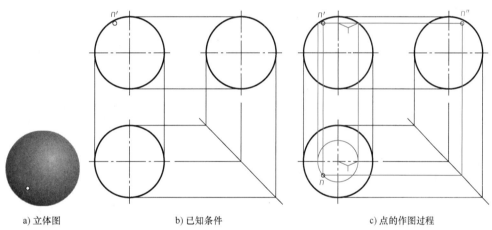

a) 立体图　　　　　　b) 已知条件　　　　　　c) 点的作图过程

图 4-16　求圆球表面点的其余投影

第二节　基本体的尺寸标注

基本体的尺寸标注正确可为后面复杂形体的尺寸标注带来方便。

一、尺寸标注要求

在视图上标注基本几何体的尺寸时，应保证 3 个方向的尺寸标注齐全，尺寸既不能少，也不能重复和多余。

二、平面立体的尺寸标注

平面立体的尺寸标注如图 4-17 所示。

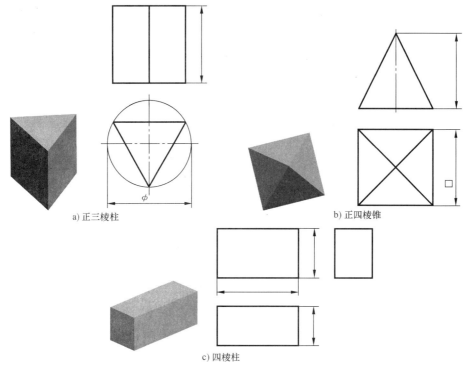

a) 正三棱柱　　　　　　　　　b) 正四棱锥

c) 四棱柱

图 4-17　平面立体的尺寸标注

三、曲面立体的尺寸标注

曲面立体的尺寸标注，如图 4-18 所示。

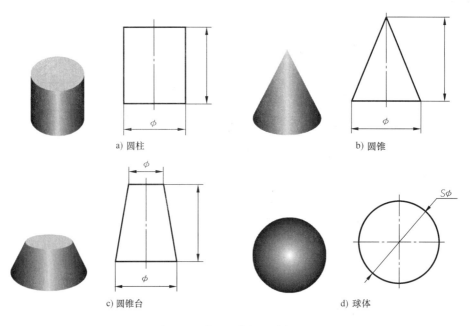

a) 圆柱　　　　　　　　　　　b) 圆锥

c) 圆锥台　　　　　　　　　　d) 球体

图 4-18　曲面立体的尺寸标注

第三节　切割体的投影作图

用平面切割立体，平面与立体表面的交线称为截交线，该平面为截平面，由截交线围成的平面图形称为截断面，如图4-19所示。

一、棱柱体切割后的投影作图

平面切割棱柱体时，其截断面为一个平面多边形。

例4-6：如图4-20b所示，已知俯视图、左视图，补画主视图。

分析

该切口体可看成是由三棱柱通过切割而成的。三棱柱切割后表面上有3个交点，只要作出3个交点的主视图投影，即可补全主视图。

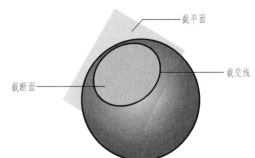

图4-19　截交线、截平面和截断面

作图

1）由"长对正"和"高平齐"的投影规律分别作出点A、点B和点C的主视图投影 a′、b′和c′，如图4-20c所示。

2）连接 a′b′c′，即为所求截交线的主视图投影，画出切割后棱柱体的主视图，如图4-20c所示。

作图过程中注意各点的投影不能混淆，各点之间的连接关系也不能改变。

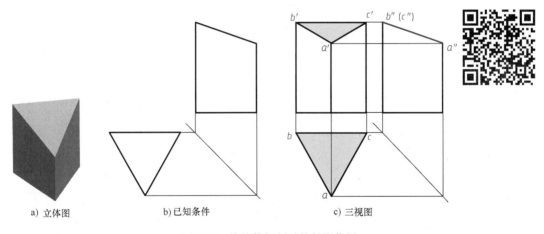

a) 立体图　　　　　b) 已知条件　　　　　c) 三视图

图4-20　棱柱体切割后的投影作图

课堂讨论：

棱柱体还有哪些切割方式？

二、棱锥体切割后的投影作图

平面切割棱锥体时，其截断面为一个平面多边形。

例 4-7：如图 4-21b 所示，已知主视图、左视图，补画俯视图中的缺线。

分析

该切口体可看成是由四棱锥通过切割而成的棱锥台。四棱锥切割后表面上有 4 个交点，只要作出 4 个交点的俯视图投影，即可补出俯视图中的缺线。

作图

1）由"长对正"和"宽相等"的投影规律分别作出点 A、点 B、点 C 和点 D 的俯视图投影 a、b、c 和 d，如图 4-21c 所示。

2）连接 abcd，即为所求截交线的俯视图投影，画出切割后棱锥体的俯视图，如图4-21c所示。

作图过程中注意各点之间的连接关系不能改变。

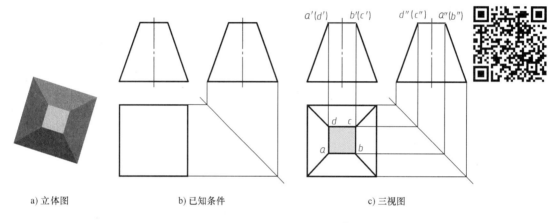

a) 立体图   b) 已知条件   c) 三视图

图 4-21　棱锥体切割后的投影作图

课堂讨论：

棱锥体还有哪些切割方式？

三、圆柱切割后的投影作图

平面切割圆柱时，截交线的形状取决于与圆柱的相对位置，见表 4-1。

例 4-8：如图 4-22b 所示，已知主视图、俯视图，补画左视图。

分析

该切口体可看成是由圆柱通过切割而成的，切割部分在左视图中的投影应为一个椭圆。

表 4-1　圆柱的截交线

截平面的位置	平行于轴线	垂直于轴线	倾斜于轴线
截交线的形状	矩形	圆	椭圆
立体图			

（续）

截平面的位置	平行于轴线	垂直于轴线	倾斜于轴线
投影图			

作图

1）作最高点和最低点的投影，如图 4-22c 所示。

2）作最前点和最后点的投影，如图 4-22d 所示。

3）作一般位置点的投影，如图 4-22e 所示。

4）平滑连接各点，如图 4-22f 所示。

5）检查，描深图线，如图 4-22g 所示。

作图过程中注意：先作特殊位置点的投影，再作一般位置点的投影。

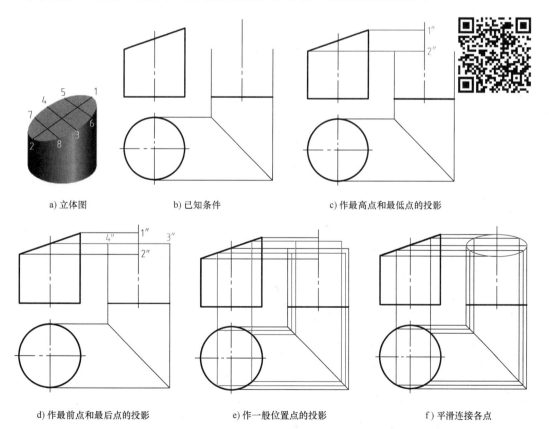

图 4-22　圆柱切割后的投影作图

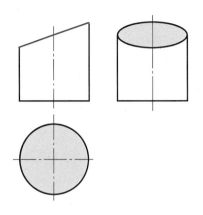

g) 检查，描深图线

图 4-22　圆柱切割后的投影作图（续）

四、圆锥切割后的投影作图

平面切割圆锥时，截交线的形状取决于与圆锥的相对位置，见表 4-2。

表 4-2　圆锥的截交线

截平面的位置	垂直于轴线	平行于轴线	过锥顶	倾斜于轴线 $\theta > \alpha$	倾斜于轴线 $\theta = \alpha$
截交线的形状	圆	双曲线	三角形	椭圆	抛物线
立体图					
投影图					

例 4-9：如图 4-23b 所示，已知主视图，补全俯视图和左视图。

分析

该切口体可看成是由圆锥通过切割而成的，切割部分在俯视图、左视图中的投影应为一个椭圆。

作图

1）作特殊位置点的投影，如图 4-23c 所示。

2）作一般位置点的投影，如图 4-23d 所示。

3）平滑连接各点，如图 4-23e 所示。

4）检查，描深图线，如图 4-23f 所示。

作图过程中仍要注意：先作特殊位置点的投影，再作一般位置点的投影。

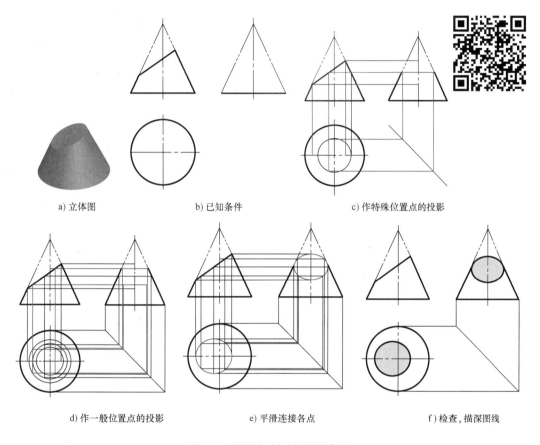

a) 立体图　　　　　　　　　b) 已知条件　　　　　　　　c) 作特殊位置点的投影

d) 作一般位置点的投影　　　　e) 平滑连接各点　　　　　　f) 检查，描深图线

图 4-23　圆锥切割后的投影作图

五、圆球切割后的投影作图

平面切割圆球时，截交线的形状取决于与圆球的相对位置。

例 4-10：如图 4-24b 所示，已知主视图，补画俯视图和左视图中的缺线。

分析

该切口体可看成是由半球体通过切割而成的。切割部分在俯视图、左视图中的投影可利用积聚性法和辅助平面法求得。

作图

1）作切割部分底部的投影，如图 4-24c 所示。

2）作切割部分两侧壁的投影，如图 4-24d 所示。

3）检查，描深图线，如图 4-24e 所示。

作图过程中应注意：切割部分槽底在左视图中的投影中间部分为不可见，画成虚线，槽底前后分别有一小段为可见，应画成粗实线。

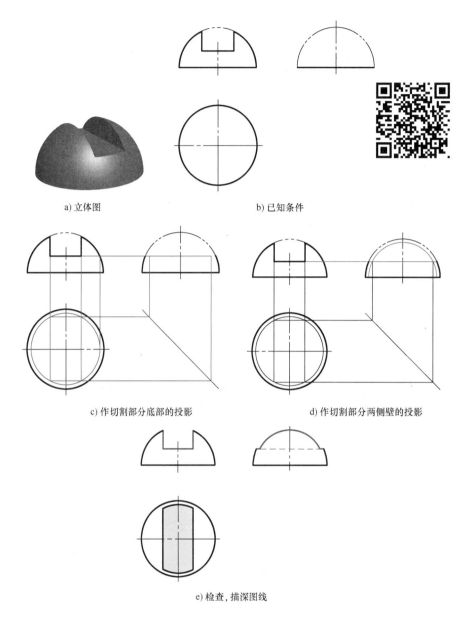

a) 立体图　　　　　　　　　　　　b) 已知条件

c) 作切割部分底部的投影　　　　　　d) 作切割部分两侧壁的投影

e) 检查,描深图线

图 4-24　圆球切割后的投影作图

课堂讨论:
　　圆球还有哪些切割方式?

第四节　两回转体相贯线的投影作图

　　两回转体的相贯线,实际上是两回转体表面上一系列共有点的连线,求作共有点的方法通常采用表面取点法（积聚性法）和辅助平面法。

一、相贯线概念及相贯类型

任何物体相交，其表面都要产生交线，这些交线称为**相贯线**。相交的**物体称为相贯体**，根据相贯体表面几何形状的不同，可分为两平面立体相交、平面立体与曲面立体相交以及两曲面立体相交 3 种情况。本书主要介绍两曲面立体相交，两曲面立体相交最常见的是圆柱与圆柱相交、圆柱与圆锥相交，以及圆柱与圆球相交和圆锥与圆球相交。

二、圆柱与圆柱相交

1. 异径正交

异径三通管就是异径正交的实例，如图 4-25 所示。

异径三通管

图 4-25　异径正交实例

例 4-11：两个直径不等的圆柱正交，如图 4-26b 所示，求作相贯线的投影。

分析

因为该相贯线前后对称，在其正面投影中，可见的前半部分与不可见的后半部分重合，且左右也对称。因此，求作相贯线的正面投影，只需作出前面的一半。

作图

1）作特殊位置点的投影。点 1 是相贯线上最低点，也是最前点。点 2 和点 3 是相贯线上的最高点，也是最左、最右点。点 1、点 2 和点 3 的投影作图，如图 4-26c 所示。

2）作一般位置点的投影。在俯视图中找两个一般位置点 4 和点 5（点 4、点 5 在一条直线上），利用积聚性可作出其侧面投影 4″和 5″，如图 4-26d 所示。利用"长对正"和"高平齐"的投影规律可作出点 4 和点 5 的正面投影 4′和 5′，如图 4-26d 所示。

3）平滑连接各点。平滑连接 2′、4′、1′、5′和 3′，即为相贯线的正面投影，如图 4-26e 所示。

4）检查，描深图线，如图 4-26f 所示。

两圆柱体正交为了简化作图，国家标准规定，允许采用简化画法作出相贯线的投影，即以圆弧代替非圆曲线。当轴线垂直相交，且轴线均平行于正面的两个不等径圆柱体相交时，相贯线的正面投影以大圆柱体的半径为半径画圆弧即可。简化画法的作图过程，如图 4-27 所示。

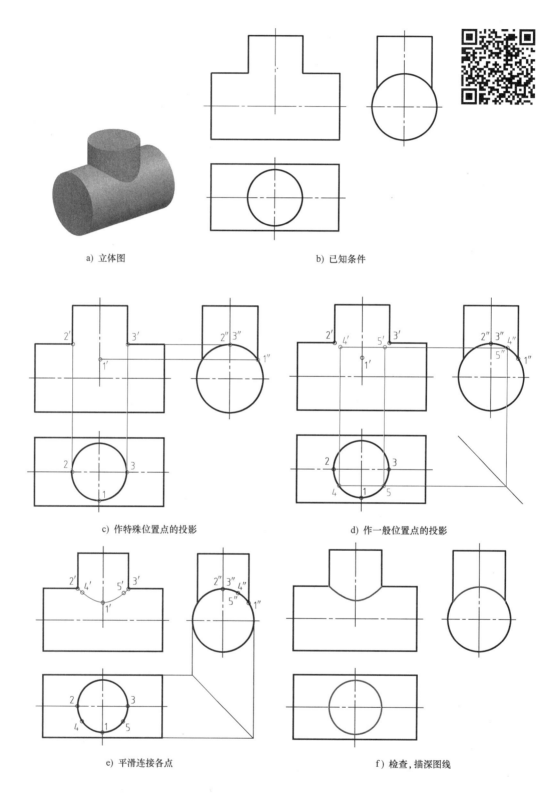

a) 立体图   b) 已知条件

c) 作特殊位置点的投影   d) 作一般位置点的投影

e) 平滑连接各点   f) 检查,描深图线

图 4-26 不等径两圆柱正交

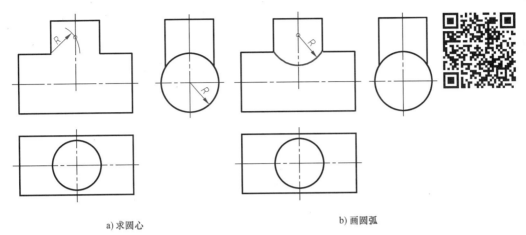

a) 求圆心   b) 画圆弧

图 4-27　相贯线简化画法

2. 等径正交

等径三通管就是等径正交的实例，如图 4-28 所示。

等径三通管

图 4-28　等径正交实例

等径正交其正面投影为两条相交的直线，如图 4-29 所示。

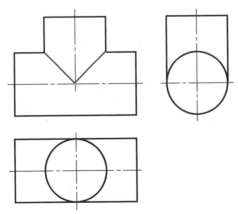

图 4-29　等径正交相贯线的投影

课堂讨论：

　　圆柱与圆柱相交还有哪些形式？

三、圆柱与圆锥相交

例 4-12：图 4-30b 所示圆柱与圆锥正交，求相贯线的投影。

分析

由于圆锥面的投影没有积聚性，求相贯线的投影时，可采用辅助平面法求得。

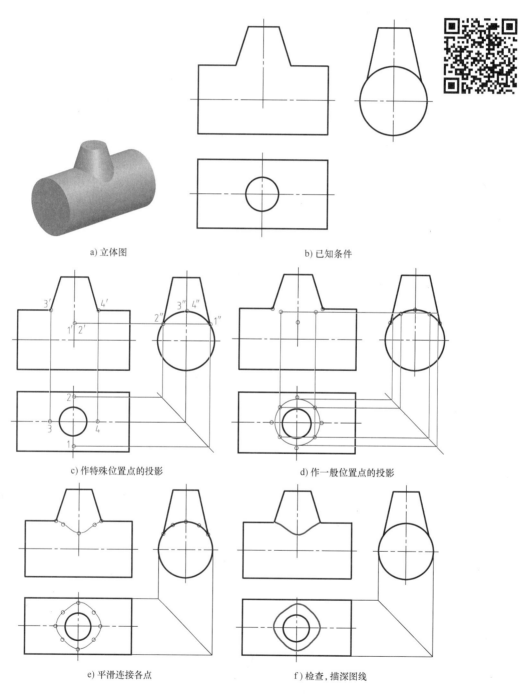

a) 立体图

b) 已知条件

c) 作特殊位置点的投影

d) 作一般位置点的投影

e) 平滑连接各点

f) 检查，描深图线

图 4-30　圆柱与圆锥正交

作图

1）作特殊位置点的投影。点 1 和点 2 是相贯线上的最低点，也是最前、最后点。点 3 和点 4 是相贯线上的最高点，也是最左、最右点。点 1、点 2、点 3 和点 4 的投影作图，如图 4-30c 所示。

2）作一般位置点的投影。在左视图中找两个一般位置点，先利用辅助平面法作水平投影，再利用"长对正"和"高平齐"的投影规律作出正面投影，如图 4-30d 所示。

3）平滑连接各同名投影点，即为相贯线的正面投影和水平投影，如图 4-30e 所示。

4）检查，描深图线，如图 4-30f 所示。

四、圆柱与圆球相交

圆柱与圆球同轴相交时，它们的相贯线是一个垂直于轴线的圆，当轴线平行于某投影面时，这个圆在该投影面的投影为垂直于轴线的直线，如图 4-31 所示。

五、圆锥与圆球相交

圆锥与圆球同轴相交时，它们的相贯线是一个垂直于轴线的圆，当轴

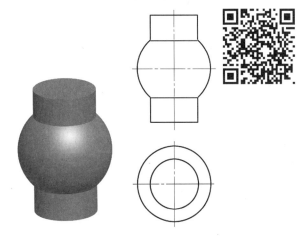

图 4-31　圆柱与圆球相交

线平行于某投影面时，这个圆在该投影面的投影为垂直于轴线的直线，如图 4-32 所示。

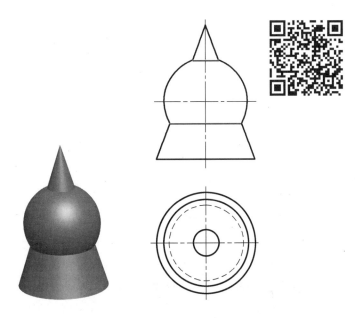

图 4-32　圆锥与圆球相交

第五章

轴 测 图

正投影图缺乏立体感,在工程上常采用直观性较强,富有立体感的轴测图作为辅助图样,用以说明机器及零部件的外观、内部结构或工作原理。在工程制图课程的教学过程中,学习轴测图的画法,可以帮助初学者提高理解形体的空间想象能力,为读懂正投影图提供形体分析与构思的思路和方法。

第一节 轴测图的基本知识

一、轴测图的形成

1. 轴测图的术语

轴测投影是将物体连同直角坐标体系,沿不平行于任意一坐标平面的方向,用平行投影法将其投射在单一投影面上所得到的图形,简称为轴测图。

1)轴测投影的单一投影面称为轴测投影面,如图 5-1 所示中的 P 平面。

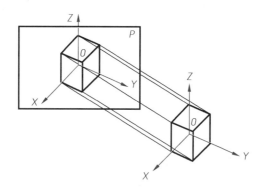

图 5-1　轴测图

2)在轴测投影面上的坐标轴 OX、OY、OZ,称为轴测投影轴,简称轴测轴。

3)轴测投影中任意两根轴测轴之间的夹角称为轴间角。

4)轴测轴上的单位长度与相应直角坐标轴上的单位长度的比值称为轴向伸缩系数。OX、OY、OZ 轴上的轴向伸缩系数分别用 p_1、q_1、r_1 表示。

2. 正等轴测图的形成

正等轴测图的形成,如图 5-2 所示,可以这样理解:

1）如图 5-2a 所示，正方体的前后面平行于一个投影面 P 时，从前往后能看到一个正方形。

2）如图 5-2b 所示，将正方体绕 OZ 轴旋转一个角度，从前往后就能看到正方体的两个面。

3）如图 5-2c 所示，将正方体再向前倾斜一个角度（使三个轴间角同为 120°），从前往后就能看到正方体的三个面。

这种轴测图称为正等轴测图，简称正等测。

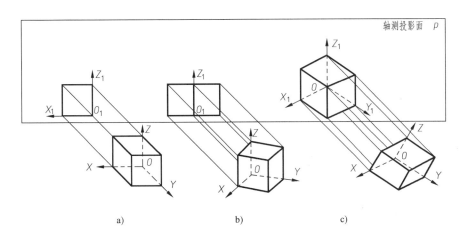

图 5-2　正等轴测图的形成

3. 斜二等轴测图的形成

如图 5-3 所示，使正方体的 $X_1O_1Z_1$ 坐标面平行于轴测投影面 P，投射方向倾斜于轴测投影面 P，并且所选择的投射方向使 OX 轴与 OY 轴的夹角为 135°，这种轴测图称为斜二等轴测图，简称斜二测。

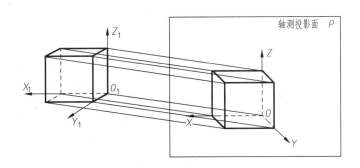

图 5-3　斜二等轴测图的形成

二、轴测图的种类

工程上常用的轴测图有正等轴测图和斜二等轴测图。

为了便于作图，绘制轴测图时，对轴向伸缩系数进行简化，使其比值成为简单的数值。简化伸缩系数分别用 p、q、r 表示。常用轴测图的轴间角和简化伸缩系数见表 5-1。

表 5-1　常用轴测图的轴间角和简化伸缩系数

	正等测	斜二测
轴间角		
轴向伸缩系数	$p_1 = q_1 = r_1 = 0.82$	$p_1 = r_1 = 1$　$q_1 = 0.5$
简化伸缩系数	$p = q = r = 1$	无
图例		

第二节　正等轴测图

一、用坐标法作正等轴测图

正等轴测图的轴间角 $\angle XOY = \angle XOZ = \angle YOZ = 120°$。画图时，一般使 OZ 轴处于垂直位置，OX、OY 轴与水平线成 30°，可利用 30°三角板方便地画出 3 根轴测轴；然后根据物体的特点，建立合适的坐标系，按照坐标法画出物体上各顶点的轴测投影，再由点连成物体的轴测图。

例 5-1：根据图 5-4a 所示长方体的三视图，用坐标法作其正等轴测图。

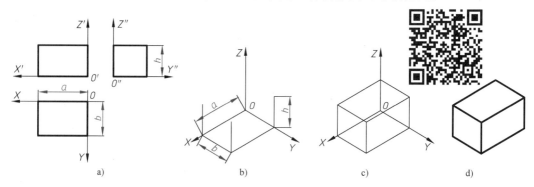

图 5-4　用坐标法作正等轴测图

分析

该物体为一个长方体，将坐标原点 O 设定在长方体右后下方的棱角点，这样便于直接量出下底面四边形各顶点的坐标，用坐标法从下底面开始作图。

作图

1）在视图上确定坐标原点和坐标轴。设定右后下方的棱角为原点，O、X、Y、Z 轴是过原点的三条棱线，如图 5-4a 所示。

2）画出轴测轴，根据尺寸 a 和 b 画出长方体底面的形状，如图 5-4b 所示。

3）由长方体底面各端点画 OZ 轴的平行线，在各平行线上量取长方体的高度 h，得到长方体顶面各端点，如图 5-4b 所示。

4）把长方体顶面各端点连接起来，即得长方体顶面、正面和侧面的形状，如图 5-4c 所示。

5）擦去轴测轴，描深轮廓线，即得长方体正等轴测图，如图 5-4d 所示。

注意：用坐标法绘制轴测图时，设定的原点一定要便于各顶点坐标的量取。

二、用叠加法作正等轴测图

对于叠加型物体，运用形体分析法将物体分成几个简单的形体，然后根据各形体之间的相对位置依次画出各部分的轴测图，即可得到该物体的轴测图。

例 5-2：根据图 5-5a 所示平面立体的三视图，用叠加法作其正等轴测图。

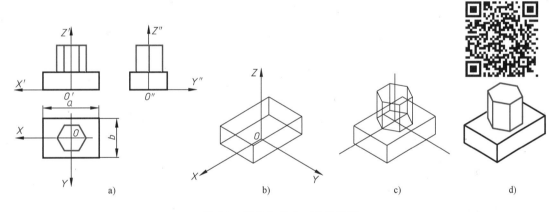

图 5-5　用叠加法作正等轴测图

分析

将物体看作由长方体和六棱柱两部分叠加而成，将坐标原点 O 设定在长方体下底面的中间，从下底面开始往上方作图。

作图

1）画轴测轴，确定坐标原点，画长方体的正等轴测图，如图 5-5b 所示。

2）在长方体的正等轴测图的相应位置上画出六棱柱的正等轴测图，如图 5-5c 所示。

3）擦去轴测轴，描深轮廓线，即得这个物体的正等轴测图，如图 5-5d 所示。

注意：用叠加法绘制轴测图时，应首先进行形体分析，并注意各形体的相对叠加位置。

三、用切割法作正等轴测图

对于切割型物体，首先将物体看成是一定形状的整体，并画出其轴测图，然后再按照物体的形成过程，逐一切割，相继画出被切割后的形状。

例5-3：根据图5-6a所示平面立体的三视图，用切割法作其正等轴测图。

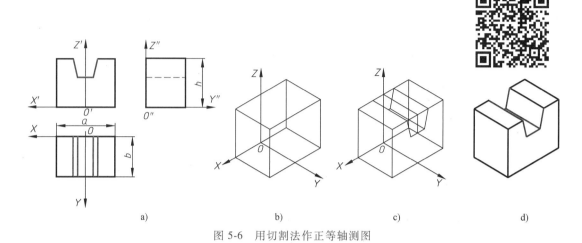

图 5-6　用切割法作正等轴测图

分析

将物体看作由长方体通过切割一个梯形块而成，先作出长方体的轴测图，再在长方体上切割一个梯形块即可。

作图

1）画轴测轴，确定坐标原点，画长方体的正等轴测图，如图5-6b所示。

2）在长方体的正等轴测图的相应位置上切割，画出切割部分的正等轴测图，如图5-6c所示。

3）擦去轴测轴，描深轮廓线，即得这个物体的正等轴测图，如图5-6d所示。

注意：用切割法绘制轴测图时，坐标原点的设定要方便切割部分的作图。

第三节　斜二等轴测图

一、斜二等轴测图的轴间角和轴向伸缩系数

斜二等轴测图的轴间角$\angle XOZ = 90°$，$\angle XOY = \angle YOZ = 135°$，可利用45°三角板画出。在绘制斜二等轴测图时，沿轴测轴 OX 和 OZ 方向的尺寸可按实际尺寸选取比例量取（轴向伸缩系数$p_1 = r_1 = 1$）；沿 OY 轴方向的尺寸缩短一半，进行量取 C 轴向伸缩系数（$q_1 = 0.5$）。

二、斜二等轴测图画法

例5-4：根据图5-7a所示凹槽体的三视图，画其斜二等轴测图。

分析

该长方体上方中央有一个半圆形的槽，确定直角坐标系时，使坐标面 XOZ 与长方体后端面重合，坐标轴 OY 与长方体下底面中心线重合，选择坐标面 XOZ 作为轴测投影面。这样，长方体上方中央半圆形槽的投影为实形，作图方便。

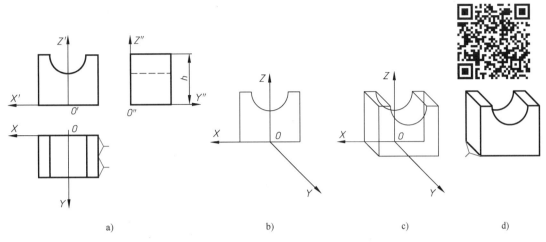

图 5-7 凹槽体的斜二等轴测图画法

作图

1）画斜二等轴测轴，作凹槽体的后端面轴测图，如图 5-7b 所示。

2）作凹槽体前端面的轴测图，并连接前、后端面的可见部分，如图 5-7c 所示。

3）擦去轴测轴，描深轮廓线，即得凹槽体的斜二等轴测图，如图 5-7d 所示。

注意：画斜二等轴测图时，沿 OY 轴方向的尺寸减半。

例 5-5：根据图 5-8a 所示管子的三视图，画其斜二等轴测图。

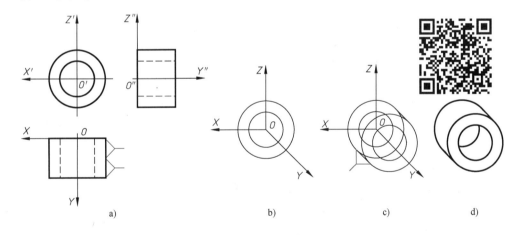

图 5-8 管子的斜二等轴测图画法

分析

管子前、后端面平行于 V 面，选择 V 面作为轴测投影面，OY 轴与管子中心线重合。

作图

1）画斜二等轴测轴，作管子的后端面轴测图，如图 5-8b 所示。

2）作管子前端面的轴测图，并连接前、后端面的可见部分，如图 5-8c 所示。

3）擦去轴测轴，描深轮廓线，即得管子的斜二等轴测图，如图 5-8d 所示。

注意：画斜二等轴测图时，直角坐标系要灵活选择。

第四节　画　草　图

不用绘图仪器和工具，通过目测估计图形与实物的比例，按一定画法要求徒手（或部分使用绘图仪器）绘制的图样称为草图。在生产实践中，经常需要人们通过绘制草图来记录或表达技术思想，因此，徒手画图是技术工人必备的一项基本技能。

一、握笔的方法

手握笔的位置要比用仪器绘图时高些，以利于运笔和观察目标。笔杆与纸面成 45°~60°角，执笔要稳而有力。

二、直线的画法

画直线时，手腕要靠着纸面，沿着画线方向移动，保证图线画得直。眼睛应注意终点方向，以便于控制图线。

直线的徒手画法如图 5-9 所示。

1）画水平线时，图纸可放斜一点，不要将图纸固定，以便随时可将图纸转动到画线最为顺手的位置，如图 5-9a 所示。

2）画垂直线时，自上而下运笔，如图 5-9b 所示。

3）画斜线时的运笔方向如图 5-9c 所示。

为了便于控制图形大小比例和各图形间的关系，可利用方格纸画草图。

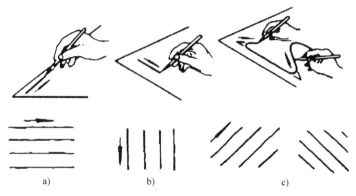

图 5-9　直线的徒手画法

三、常用角度的画法

画 30°、45°、60° 等常用角度，可根据两直角边的比例关系，在两直角边上定出几点，然后连线而成，如图 5-10 a、b、c 所示。

若画 10°、15°、75° 等角度，可先画出 30° 角后再二等分、三等分得到，如图 5-10d 所示。

四、圆的画法

画小圆时，先定圆心，画中心线，再按半径大小在中心线上定出 4 个点，然后过 4 个点

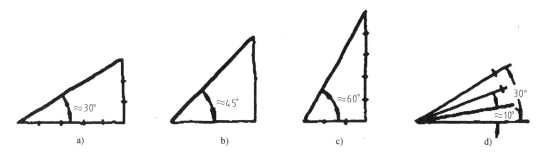

图 5-10　角度线的徒手画法

分两半画出，如图 5-11a 所示。

画较大的圆时，可增加两条 45°斜线，在斜线上再根据半径大小定出 4 个点，然后分段画出，如图 5-11b 所示。

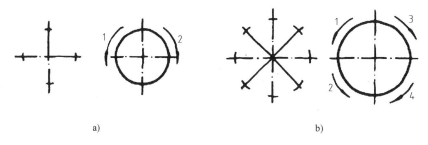

图 5-11　圆的徒手画法

五、圆弧的画法

画圆弧时，先将两直线徒手画成相交直线，然后目测在分角线上定出圆心位置，使它与角两边的距离等于圆角半径的大小，过圆心向两边引垂线定出圆弧的起点和终点，并在分角线上也定出一圆周点，然后画圆弧把三点连接起来，如图 5-12 所示。

图 5-12　圆弧的徒手画法

六、椭圆的画法

画椭圆时，先目测定出其长、短轴上的 4 个端点，然后分段画出 4 段圆弧，画图时应注意图形的对称性，如图 5-13 所示。

七、正六边形的画法

画正六边形的方法如图 5-14 所示，上部为视图中的画法，下部为正轴测图中的画法。

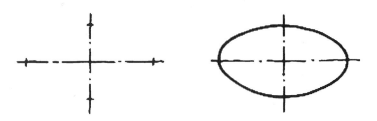

图 5-13　椭圆的徒手画法

先画一条水平的中心线，如图 5-14a、a′所示；过水平中心线上的第 3 等分点画铅垂线，过铅垂中心线上的第 5 等分点画水平线，如图 5-14b、b′所示；接着利用对称性再画其他线，如图 5-14c、c′、d、d′、e、e′所示；至此，正六边形可确定，如图 5-14f、f′、g、g′所示。

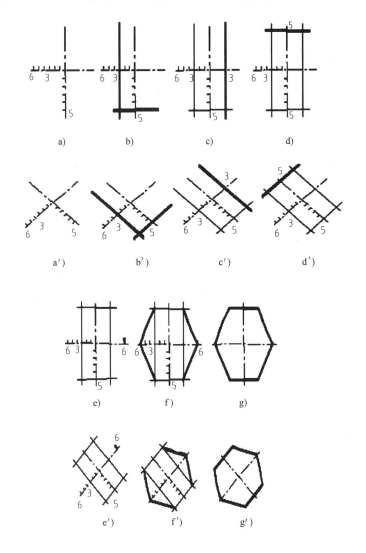

图 5-14　正六边形的徒手画法

第六章

组合体的绘制与识读

组合体大都是由机件抽象而成的几何模型。掌握组合体的画图和读图方法十分重要，将为进一步学习零件图的绘制与识读打下基础。

第一节 组合体的组合形式

一、组合体的组合方式

任何复杂物体都可以看成是由一些基本体经过叠加、切割或穿孔等方式组合而成的，这种由两个或两个以上的基本体组合构成的整体称为组合体。

组合体通常分为叠加型、切割型和综合型三种，如图 6-1 所示。叠加型组合体是由若干基本体叠加而成，如图 6-1a 所示的螺栓（毛坯）是由六棱柱、圆柱和圆台叠加而成。切割型组合体则可看成是由基本体经过切割或穿孔后形成的，如图 6-1b 所示的机件是由圆柱体经过 3 次切割形成的。多数组合体则是既有叠加又有切割的综合型，如图 6-1c 所示的物体。

a) 叠加型　　　　　　　　b) 切割型　　　　　　　　c) 综合型

图 6-1　组合体的组合方式

> **课堂讨论：**
> 如何识别组合体的组合形式？

二、组合体上相邻表面之间的连接关系

从组合体的整体来看，构成组合体的各基本体之间都有一定的相对位置，并且组合体上相邻表面之间也存在一定的连接关系。

1. 两基本体表面平齐或相错

当相邻两基本体的表面平齐，连成一个平面时，结合处没有界线。在画图时，主视图的上下形体之间不应画线，如图 6-2a 所示。

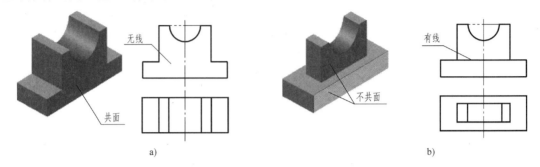

图 6-2　两基本体表面平齐或相错

如果两基本体的表面不共面，而是相错关系，如图 6-2b 所示，在主视图上要画出两表面间的界线。

2. 两基本体表面相交

两个基本体表面相交所产生的交线，应在视图中画出其投影，如图 6-3a 所示。

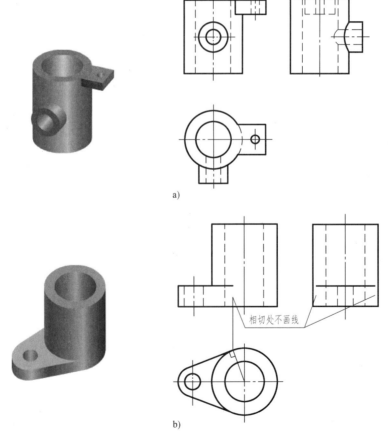

图 6-3　两基本体表面相交或相切

3. 两基本体表面相切

相切是指两个基本体的相邻表面（平面与曲面或曲面与曲面）光滑过渡，相切处不存在轮廓线，在视图上不画出分界线，如图 6-3b 所示。

第二节 绘制组合体视图

绘制组合体视图时，首先要运用形体分析法将组合体分解为若干基本体，并分析各基本体相邻表面之间是否处于共面、相切或相交的关系，必要时还要进行面形分析，然后绘制出组合体的视图。

一、叠加型组合体的视图画法

画叠加型组合体视图的基本方法是形体分析法。所谓形体分析法，就是将组合体假想分解成若干基本形体，判断它们的形状、组合形式和相对位置，分析它们的表面连接关系以及投影特性，从而进行画图和读图的方法。

1. 分析形体

如图 6-4a 所示的组合体，根据其形体特点，可将其分解为三个部分，如图 6-4b 所示。

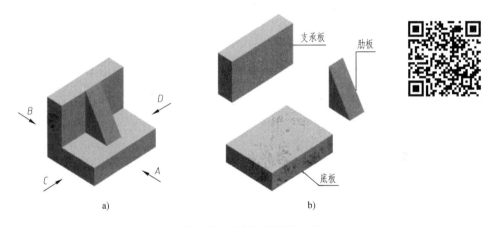

图 6-4 组合体的形体分析

1）分析基本体的相对位置：该组合体左右对称，支承板和底板的后表面平齐，肋板后靠支承板放在底板上，且处于左右居中位置。

2）分析基本体之间的表面连接关系：支承板的左右侧面与底板平齐，前表面与底板相交；肋板的左右侧面及前表面与底板相交，底板的顶面与支承板、肋板的底面重合。

2. 选择视图

首先选择主视图。组合体主视图的选择一般应考虑两个因素：组合体的安放位置和主视图的投射方向。为了便于作图，一般将组合体的主要表面和主要轴线尽可能平行或垂直于投影面。选择主视图的投射方向时，应能较全面地反映组合体各部分的形状特征以及它们之间的相对位置。按照图 6-5 所示 A、B、C、D 4 个投射方向进行比较，若以 B 向作为主视图，虚线较多，显然没有 A 向清楚；若以 C 向作为主视图，主视图中虽然无虚线，但左视图上会出现较多虚线，没有 A 向好；若以 D 向作为主视图，不能较好地反映该组合体各部分的轮廓特征，也没有 A 向好；A 向反映该组合体各部分的轮廓特征比较明显，所以确定以 A 向作为主视图的投射方向。

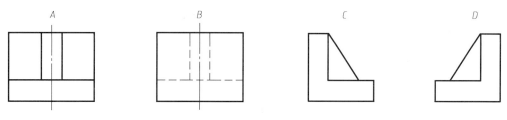

图 6-5　分析主视图的投射方向

主视图选定以后，俯视图和左视图也就随之确定下来。俯视图、左视图补充表达了主视图上未表达清楚的部分，如底板的形状在俯视图上反映出来，肋板的形状则由左视图表达。

3. 布置视图

根据组合体的大小，定比例、选图幅、确定各视图的位置，画出各视图的基线，如组合体的底面、端面和对称中心线等。

4. 画图步骤

画图的一般步骤是先画主要部分，后画次要部分；先定位置，后定形状；先画基本形体，再画切口、穿孔、圆角等局部形状。

画图时应注意以下几点：

1）运用形体分析法逐个画出各部分基本形体，同一形体的三个视图应按投影关系同时进行，而不是先画完一个视图后再画另一个视图。这样可减少投影错误，也能提高绘图速度。

2）画每一部分基本形体的视图时，应先画反映该部分形状特征的视图。例如先画底板的俯视图，再画主、左视图。

3）完成各基本形体的三视图后，应检查形体间表面连接处的投影是否正确。如图 6-4a 所示支承板的左右侧面与底板平齐，支承板在左视图上与底板无交线，支承板的前面与底板相交，在三个视图中均有交线。肋板与底板和支承板均相交，在三个视图中均有交线。

支承座的作图过程如下：

1）画基线，如图 6-6a 所示。

2）画底板三视图，如图 6-6b 所示。

3）画支承板三视图，如图 6-6c 所示。

4）画肋板三视图，如图 6-6d 所示。

5）检查，描深图线，如图 6-6e 所示。

二、切割型组合体的视图画法

画切割型组合体视图的基本方法是面形分析法。所谓面形分析法，是根据表面的投影特性来分析组合体表面的性质、形状和相对位置进行画图和读图的方法。如图 6-7 所示组合体可看作是由一个大长方体切去两个小长方体而形成的。

画切割型组合体视图的作图过程如下：

1）画基线，如图 6-8a 所示。

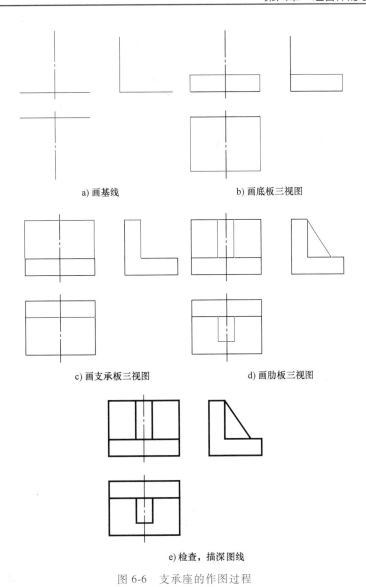

a) 画基线　　　　　　b) 画底板三视图

c) 画支承板三视图　　　　d) 画肋板三视图

e) 检查，描深图线

图 6-6　支承座的作图过程

图 6-7　切割型组合体

2）画大长方体三视图，如图 6-8b 所示。

3）画切割部分三视图，如图 6-8c 所示。

4）检查，描深图线，如图 6-8d 所示。

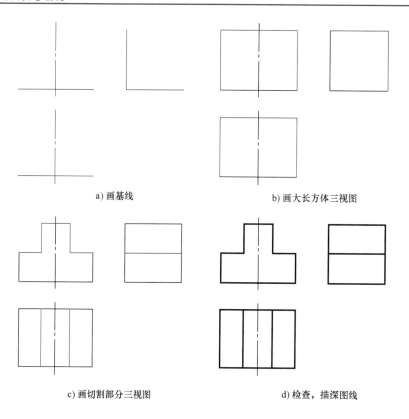

a) 画基线   b) 画大长方体三视图

c) 画切割部分三视图   d) 检查，描深图线

图 6-8   画切割型组合体视图的作图过程

课堂讨论：

    如何选择画组合体视图的方法？

第三节　组合体的尺寸标注

组合体尺寸标注的方法仍然采用形体分析法，要求对组合体的定形尺寸、定位尺寸和总体尺寸做到正确、完整和清晰地标注。

一、基本要求

画出组合体的三视图，只是解决了形状问题，要想表明它的真实大小，还需要在视图上标注出尺寸。在组合体的视图上标注尺寸，应做到正确、完整和清晰。

（1）正确　尺寸标注必须符合国家标准的规定。

（2）完整　所注各类尺寸应齐全，做到不遗漏、不多余。

（3）清晰　尺寸布置要整齐清晰，便于看图。

二、尺寸种类

组合体的尺寸包括以下三种：

（1）定形尺寸　表示各基本体大小（长、宽、高）的尺寸。

（2）定位尺寸　表示各基本体之间相对位置（上下、左右、前后）的尺寸。

（3）总体尺寸　表示组合体总长、总宽、总高的尺寸。

三、基本方法

标注组合体尺寸的基本方法是形体分析法。尺寸标注时，将组合体分解为若干个基本形体，然后标注出确定各基本形体位置关系的定位尺寸，再逐个标注出这些基本形体的定形尺寸，最后标注出组合体的总体尺寸。

四、尺寸基准

标注尺寸的起点称为尺寸基准（简称基准）。组合体具有长、宽、高三个方向的尺寸，标注每一个方向的尺寸都应先选择好基准。标注时，通常选择组合体的底面、端面、对称面、轴线、对称中心线等作为基准。图 6-9 所示支承座的尺寸基准是：长度方向尺寸以对称面为基准；宽度方向尺寸以后端面为基准；高度方向尺寸以底面为基准。

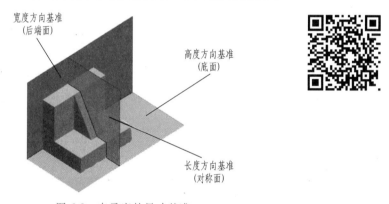

图 6-9　支承座的尺寸基准

图 6-10a、b、c 表示了对支承座进行形体分析后各组成部分应有的尺寸，图 6-10d 表示了支承座的全部尺寸。

五、尺寸布置

尺寸布置应注意以下几点：

1）各基本体的定形尺寸和有关定位尺寸要尽量集中标注在一个或两个视图上，这样集中标注便于看图。

2）尺寸应标注在表达形体特征最明显的视图上，并尽量避免标注在虚线上。

3）对称结构的尺寸，一般应对称标注。

4）尺寸应尽量标注在视图外边，布置在两个视图之间。

5）圆的直径一般标注在投影为非圆的视图上，圆弧的半径则应标注在投影为圆弧的视图上。

6）多个尺寸平行标注时，应使较小的尺寸靠近视图，较大的尺寸依次向外分布，以免尺寸线与尺寸界线交错。

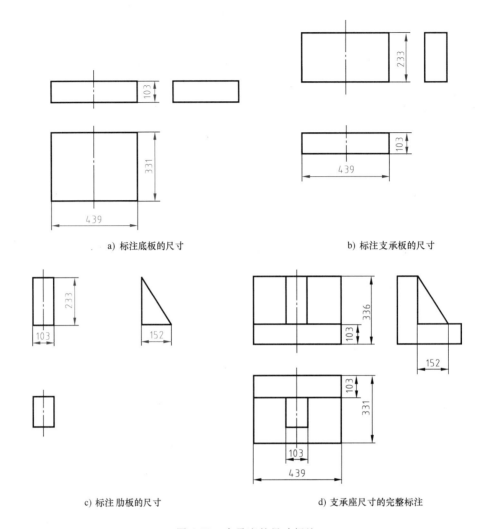

图 6-10　支承座的尺寸标注

六、标注步骤

组合体的尺寸标注可按以下步骤进行：

1) 分析组合体是由哪些基本体组成的。

2) 选择组合体长、宽、高每个方向的主要尺寸基准。

3) 标注各基本体相对组合体的定位尺寸。

4) 标注各基本体的定形尺寸。

5) 标注组合体的总体尺寸。

6) 检查、调整尺寸。对标注的尺寸进行检查、整理和调整，把多余的和不适合的尺寸去掉。

课堂讨论：

　　我们在生产中加工零件的大小，依据什么来加工？

第四节　识读组合体视图

读图是根据已画出的视图，通过投影分析想象出物体的形状，是从二维图形建立三维形体的过程。画图和读图是相辅相成的，读图是画图的逆过程。为了正确而迅速地读懂组合体的视图，必须掌握读图的基本要领和基本方法。

一、读图的基本要领

1. 熟练掌握基本体的形体表达特征

三视图中若有两个视图的外形轮廓形状为矩形，则该基本体为柱，如图 6-11a 所示；若为三角形，则该基本体为锥，如图 6-11b 所示；若为梯形，则该基本体为棱台或圆台，如图 6-11c 所示。要明确判断上述基本体是棱柱（棱锥、棱台）还是圆柱（圆锥、圆台），还必须借助第三个视图的形状。若为多边形，该基本体为棱柱（棱锥、棱台）；若为圆，则该基本体为圆柱（圆锥、圆台）。

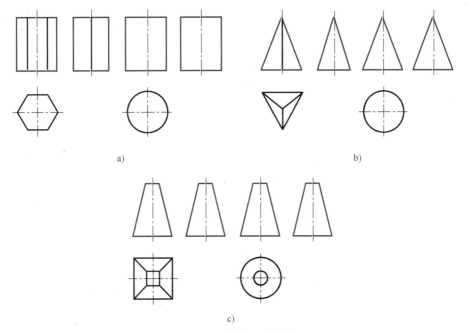

图 6-11　基本体的形体特征

2. 几个视图联系起来识读才能确定物体形状

在机械图样中，机件的形状一般是通过几个视图来表达的，每个视图只能反映机件一个方面的形状，因此，仅由一个或两个视图往往不能唯一地确定机件的形状。

如图 6-12a 所示物体的主视图都相同，图 6-12b 所示物体的俯视图都相同，但实际上这12组视图分别表示了形状各异的 12 种形状的物体。

如图 6-13 所示的三组图形，它们的主视图、俯视图都相同，但实际上也是 3 种形状不同的物体。由此可见，读图时必须将几个视图联系起来，互相对照分析，才能正确地想象出该物体的形状。

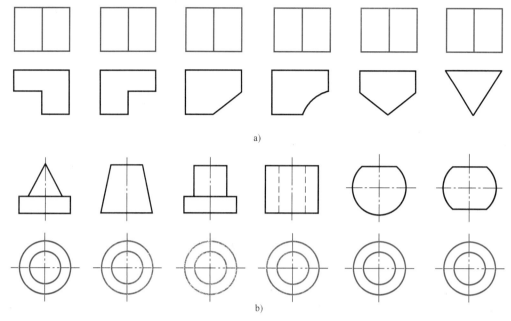

a)

b)

图 6-12　两个视图联系起来看才能确定物体形状

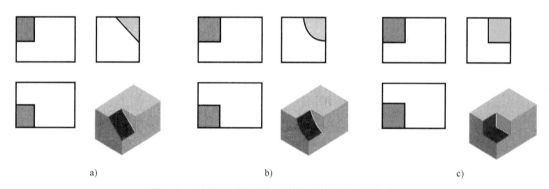

a)　　　　　　　　　　　b)　　　　　　　　　　　c)

图 6-13　三个视图联系起来分析才能确定物体形状

3. 理解视图中线框和图线的含义

视图中的每个封闭线框，通常都是物体上一个表面（平面或曲面）的投影。如图 6-14a 所示，主视图中有 4 个封闭线框，对照俯视图可知，线框 a'、b' 和 c' 分别是六棱柱前面三个棱面的投影；线框 d' 则是圆柱前半圆柱面的投影。

若两线框相邻或大线框中套有小线框，则表示物体上不同位置的两个表面。既然是两个表面，就会有上下、左右或前后之分，或者是两个表面相交。

如图 6-14a 所示，俯视图中大线框六边形中的小线框圆，就是六棱柱顶面与圆柱顶面的投影。对照主视图分析，圆柱顶面在上，六棱柱顶面在下。主视图中的 a' 线框与左面的 b' 线框以及右面的 c' 线框是相交的两个表面；a' 线框与 d' 线框是相错的两个表面，对照俯视图，六棱柱前面的棱面 A 在圆柱面 D 之前。

视图中的每条图线可能是立体表面有积聚性的投影，或两平面交线的投影，也可能是曲面转向轮廓线的投影。如图 6-14b 所示，主视图中的 $1'$ 是圆柱顶面有积聚性的投影，$2'$ 是 A

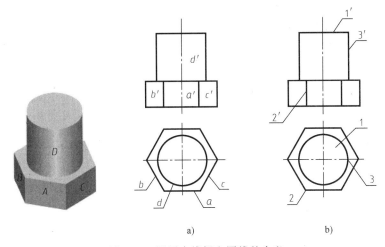

a)　　　　　　　　　　　b)

图 6-14　视图中线框和图线的含义

面与 B 面交线的投影，3′是圆柱面转向轮廓线的投影。

二、读图的基本方法

1. 形体分析法读图

（1）形体分析法概念　根据组合体视图的特点，将其大致分成几个部分，然后逐个将每一部分的投影进行分析，想象出其形状，最后想象出物体的整体结构形状，这种读图方法称为形体分析法。如图 6-15 所示，根据三视图的基本投影规律，从图上逐个识别出基本形体，再确定它们的组合形式及其相对位置，综合想象出组合体的形状。形体分析法对于叠加型的零件用得较多。

（2）形体分析法的读图步骤

1）看视图，分线框。先看主视图，联系另外两个视图，按投影规律找出基本形体投影的对应关系，想象出该组合体可分成三部分：大圆筒 1、小圆筒 2、底板 3 和肋板 4，如图 6-15a 所示。

2）对投影，识形体。根据每一部分的三视图，逐个想象出各基本形体的形状和位置，如图 6-15b～e 所示。

3）定位置，出整体。每个基本形体的形状和位置确定后，整个组合体的形状也就确定了，如图 6-15f 所示。

2. 线面分析法读图

（1）线面分析法概念　线面分析法就是运用线面的投影规律，分析视图中的线条、线框的含义和空间位置，从而看懂视图。形体分析法从"体"的角度去分析立体的形状，而线面分析法则是从"面"的角度去分析立体的形状，把复杂立体假想成由若干基本表面按照一定方式包围而成，确定了基本表面的形状以及基本表面间的关系，复杂立体的形状也就确定了。线面分析法对于切割式的零件用得较多。

（2）线面分析法的读图步骤　如图 6-16a 所示三视图，可先用形体分析法做主要分析，观察出其基本形体是个长方体。从主视图可看出，长方体的左上方被切掉一角；从左视图可知，长方体的前面中部被切去一块。

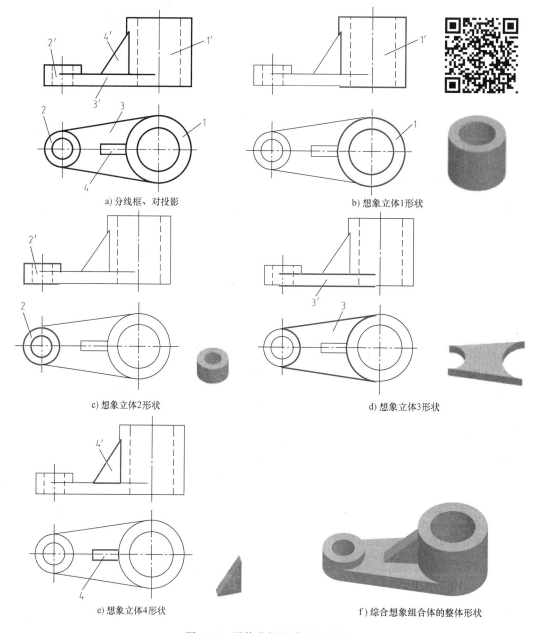

a) 分线框、对投影

b) 想象立体1形状

c) 想象立体2形状

d) 想象立体3形状

e) 想象立体4形状

f) 综合想象组合体的整体形状

图 6-15　形体分析法读图的步骤

1）看视图，分线框。由上述的分析，可把三视图分出图 6-16b～f 所示的 5 个主要线框。

2）对投影，识面形。对分出的 5 个主要线框进行分析，图 6-16b 所示线框代表长方体左上方切掉一角后形成的平面。该平面和 V 面垂直，与 H 面和 W 面倾斜。图 6-16c 所示线框代表长方体前面中部切去一块后形成的槽底平面，该平面和 V 面平行，与 H 面和 W 面垂直。图 6-16d 所示线框代表长方体左上方切掉一角后物体的顶面形状，该平面和 H 面平行，与 V 面和 W 面垂直。图 6-16e、f 所示线框代表长方体前面中部切去一块后物体前面的形状。

3）定位置，出整体。根据以上分析，想象出物体的整体形状，如图 6-16g 所示。

在读图时，一般先用形体分析法作粗略的分析，对图中的难点再利用线面分析法作进一

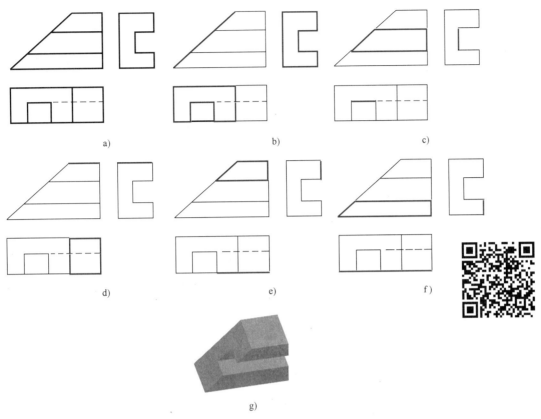

a)　　　　　　　　　　b)　　　　　　　　　　c)

d)　　　　　　　　　　e)　　　　　　　　　　f)

g)

图 6-16　线面分析法读图的步骤

步的分析，即"形体分析看大概，线面分析看细节"。

三、补画视图和视图中的缺线

1. 补画视图

补视图的主要方法是形体分析法。在由两个已知视图补画第三视图时，可根据每一封闭线框的对应投影，按照基本几何体的投影特性，想象出已知线框的空间形体，从而补画出第三投影。对于一时搞不清的投影问题，可以运用线面分析法，补出其中的线条或线框，从而达到正确补画第三视图的目的。一般可先画叠加部分，后画切割部分；先画外部形状，后画内部结构；先画主体较大的部分，后画局部细小的结构等，下面举例说明。

例 6-1：如图 6-17a 所示，已知主视图、俯视图，补画左视图。

分析

从主视图和俯视图进行形体分析可知，该组合体是属于切割型的。它的基本形状为一个长方体，然后在长方体中间的左右方向上朝左开了一个矩形槽，长方体的左上方切去一梯形块。

作图

1）补画基本形体长方体的侧面投影，如图 6-17b 所示。

2）补画矩形槽的侧面投影，如图 6-17c 所示。

3）补画左上方切去的梯形块的侧面投影，如图 6-17d 所示。

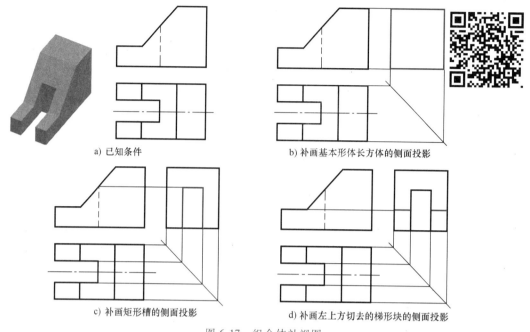

a) 已知条件

b) 补画基本形体长方体的侧面投影

c) 补画矩形槽的侧面投影

d) 补画左上方切去的梯形块的侧面投影

图 6-17　组合体补视图

2. 补缺线

补缺线是指在给定的三视图中，补齐有意识漏画的若干图线。因为补缺线是要在看懂视图的基础上进行的，所以三视图中所缺的一些图线，不但不会影响组合体的形状表达，而是更能提高我们的分析能力和识图能力。

因此，补缺线可以通过形体分析的方法，找出每个视图上的结构特征，运用投影关系补齐三视图中所缺少的图线。

例 6-2：如图 6-18a 所示，补画视图中所缺的图线。

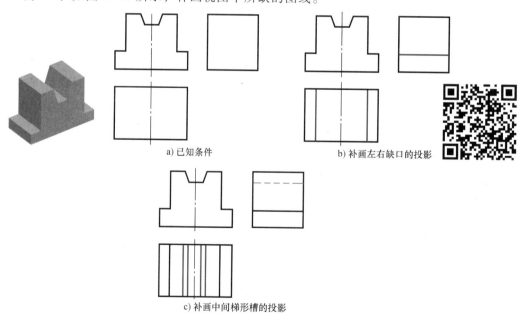

a) 已知条件

b) 补画左右缺口的投影

c) 补画中间梯形槽的投影

图 6-18　组合体补缺线

分析

对三视图进行形体分析可知，该组合体可看成是由一个长方体切割而成的。从主视图中看到，长方体的左右上方各切去一个矩形块，长方体顶面的中间部位切去一个梯形块。组合体的形状结构分析清楚以后，可按照投影规律补齐视图中所缺的图线。

作图

1）补画左右缺口的投影，如图 6-18b 所示。

2）补画中间梯形槽的投影，如图 6-18c 所示。

第七章

机械图样的基本表达法

有些工程机件的内、外形状都比较复杂，若只用三视图往往不能表达清楚和完整。为此，国家标准规定了视图、剖视图和断面图等基本表达法。掌握各种基本表达法的特点和画法，以便灵活地运用。

第一节 视 图

用正投影法所绘制的图形称为视图，视图分为基本视图、向视图、局部视图和斜视图4种。视图主要用于表达机件的外部形状，对机件中不可见的结构形状必要时才用细虚线画出。

一、基本视图

1. 基本投影面

正六面体的6个面包括前表面、后表面、上表面、下表面、左表面和右表面。其展开形式如图7-1所示。

2. 基本视图

基本视图是指物体向基本投影面投射所得的视图。将物体放在正六面体（正方体）中，由前、后、左、右、上、下6个方向，分别向6个基本投影面投射得到6个基本视图。

6个基本视图的名称和投射方向：零件由前向后投射所得的视图称为主视图；零件由上向下投射所得的视图称为俯视图；零件由左向右投射所得的视图称为左视图；零件由右向左投射所得的视图称为右视图；零件由下向上投射所得的视图称为仰视图；零件由后向前投射所得的视图称为后视图。

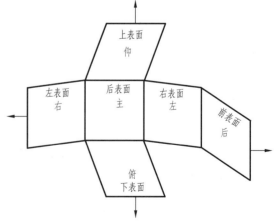

图 7-1　基本投影面的展开

3. 基本视图的配置

6个基本投影面和6个基本视图可展开到一个平面上。方法是正面保持固定不动，按图

7-1 所示箭头方向，把基本投影面都展开到与正面在同一平面上。这样，6 个基本视图的位置也就确定了。按上述位置摆放视图时，不需要加任何标注。基本视图的配置关系如图 7-2 所示。

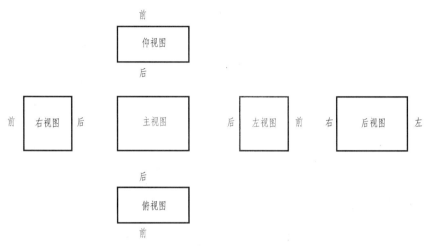

图 7-2　基本视图的配置关系

4. 基本视图的投影规律

6 个基本视图之间仍符合"长对正，高平齐，宽相等"的投影关系。

5. 基本视图的画法

画基本视图时，首先画出重要的主视图、俯视图和左视图，再根据投影规律（及对应关系）画出后视图、仰视图和右视图。左视图和右视图相对于主视图左右对称；俯视图和仰视图相对于主视图上下对称；主视图和后视图相对于左视图左右对称，如图 7-3 所示。

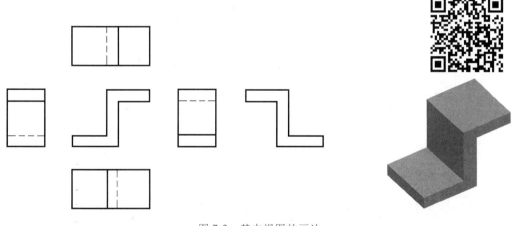

图 7-3　基本视图的画法

课堂讨论：

　　在日常生活中，各种实体的基本视图如何绘制？

二、向视图

向视图是可自由配置的视图。在采用这种表达方式时，应在向视图的上方标注"×"（"×"为大写拉丁字母），在相应视图的附近用箭头指明投射方向，并标注相同的字母，如图 7-4 所示。

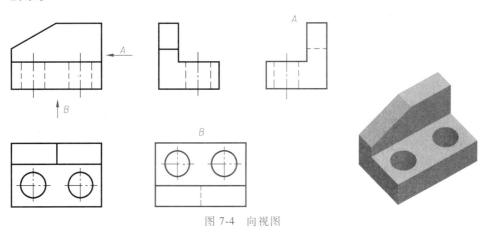

图 7-4　向视图

三、局部视图

如图 7-5 所示零件，仅用主视图和俯视图两个基本视图就能将零件的大部分形状表达清楚，只有圆筒左侧和右侧的凸缘部分未表达清楚，如果再画一个完整的左视图，则显得重

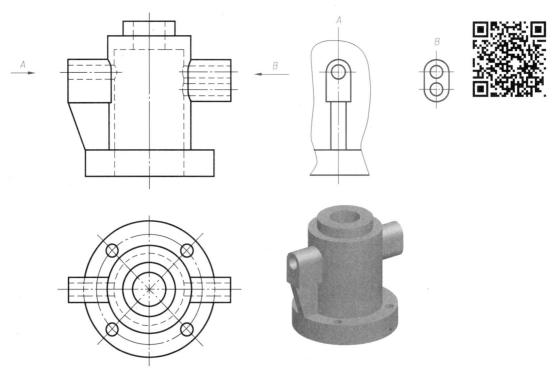

图 7-5　局部视图

复。因此，在左视图中可以只画出 2 个凸缘部分的图形，而省去其余部分。这种将物体的某一部分向基本投影面投射所得的视图，称为局部视图。

局部视图的配置、标注及画法：

1）局部视图可按基本视图的配置形式配置。当局部视图按投影关系配置，中间又没有其他图形隔开时，可省略标注。

2）局部视图的断裂边界应以波浪线或双折线表示。当它们所表示的局部结构是完整的，且外轮廓线又呈封闭时，断裂边界线可省略不画，如图 7-5 和图 7-6 中所示 B 向局部视图。

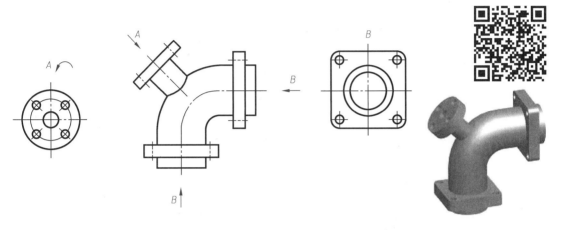

图 7-6　局部视图的表达

局部视图应用起来比较灵活。当物体的其他部位都表达清楚，只差某一局部需要表达时，就可以用局部视图表达该部分的形状，这样不但可以减少基本视图，而且使图样简单、清晰。

课堂讨论：
　　在日常生活中，实体哪些部位适合用局部视图来表达？如何绘制？

四、斜视图

如图 7-7 所示零件具有倾斜部分，在基本视图中不能反映该部分的实形，这时可选用一个新的投影面，使它与零件上倾斜部分的表面平行，然后将倾斜部分向该投影面投射，就可得到反映该部分实形的视图。这种物体向不平行于基本投影面的平面投射所得的视图称为斜视图，如图 7-6 和图 7-7 中所示 A 向斜视图。

斜视图主要用来表达物体上倾斜部分的实形，所以其余部分不必全部画出而用波浪线或双折线断开。

斜视图一般按向视图的配置形式进行配置和标注，必要时，允许将斜视图旋转配置。标注时表示该视图名称的大写字母应靠近旋转符号的箭头端，也允许将旋转角度标注在字母之后。

斜视图的特征：

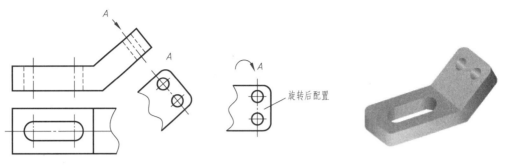

图 7-7　斜视图

1）如图 7-7 所示，A 向视图为斜视图，应反映倾斜面上的实形。

2）俯视图和斜视图中"宽相等"，主视图和斜视图中"长对正"。

斜视图的画法：

1）用带"×"大写字母的箭头指明表达部位及投射方向，并在所画斜视图的上方注明"×"。

2）只画倾斜部分的形状，其余部分用波浪线断开。

3）若斜视图不在投射方向的延长线上，应转正后画出，并在其上方注明（旋转角度应小于 90°），如图 7-8 所示。

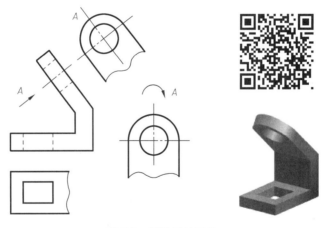

图 7-8　斜视图的画法

五、应用举例

如图 7-9 所示物体，由于物体左上部分结构是倾斜的，所以俯视图和左视图都不反映实形，画图比较困难，不易表达清楚。为了表达物体倾斜部分的结构，可采用一个斜视图进行表达，其余两处再采用局部视图表达即可。该物体采用了一个主视图、一个斜视图和两个局部视图来表达，如图 7-9 所示。

课堂讨论：
　　在日常生活中，实体哪些部位适合用斜视图来表达？如何绘制？

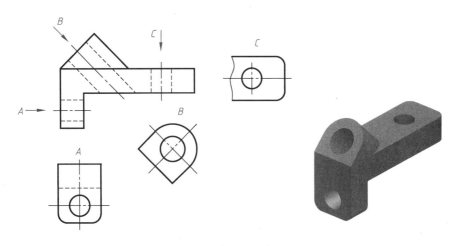

图 7-9　局部视图和斜视图

第二节　剖　视　图

当机件的内部结构比较复杂时，视图上会出现较多虚线，这样既不便于看图，也不便于标注尺寸。为了解决这个问题，常采用剖视图来表示机件的内部结构。

一、剖视图概述

1. 剖视图的形成

假想用剖切面剖开物体，将处在观察者和剖切面之间的部分移去，而将其余部分向投影面投射所得的图形称为剖视图，简称剖视。剖视图有全剖视图、半剖视图和局部剖视图。

如图 7-10 所示，假想用一个剖切平面通过零件的轴线并平行于 V 面将零件剖开，移去剖切平面与观察者之间的部分，而将其余部分向 V 面进行投射，就得到一个剖视的主视图。这时，原来看不见的内部形状变为看得见，虚线也成为粗实线。

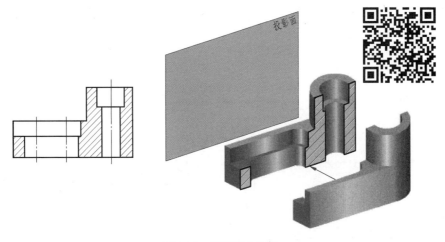

图 7-10　剖视图的形成

2. 有关术语

（1）剖切面　剖切被表达物体的假想平面或曲面称为剖切面。

（2）剖面区域　假想用剖切面剖开物体，剖切面与物体的接触部分称为剖面区域。

（3）剖切线　指示剖切面位置的线（用细点画线表示）称为剖切线。

（4）剖切符号　指示剖切面起、止和转折位置（用粗短画线表示）及投射方向（用箭头或粗短画线表示）的符号称为剖切符号。

3. 剖面区域的表示法

（1）剖面符号　在剖视图中，剖面区域一般应画出特定的剖面符号，物体材料不同，剖面符号也不相同。画机械图样时应采用 GB/T 4457.5—2013 中规定的剖面符号，见表 7-1。

表 7-1　常见材料的剖面符号

材料类别	图例	材料类别	图例	材料类别	图例
金属材料（已有规定剖面符号者除外）		型砂、填砂、粉末冶金、砂轮、陶瓷刀片、硬质合金刀片等		木材纵断面	
非金属材料（已有规定剖面符号者除外）		钢筋混凝土		木材横断面	
转子、电枢、变压器和电抗器等的叠加钢片		玻璃及供观察用的其他透明材料		液体	
线圈绕组元件		砖		木质胶合板（不分层数）	
混凝土		基础周围的泥土		格网（筛网、过滤网等）	

（2）通用剖面线　在剖视图中，不需要在剖面区域中表示材料的类别时，可采用通用剖面线表示，即画成互相平行的细实线。通用剖面线应以适当角度的细实线绘制，最好与主要轮廓线或剖面区域的对称线成 45°角，如图 7-11 所示。

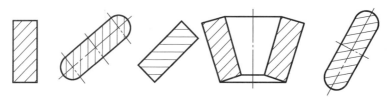

图 7-11　通用剖面线

同一物体的各个剖面区域，其剖面线画法应一致。相邻物体的剖面线必须以不同的方向或以不同的间隔画出，如图 7-12 所示。

二、全剖视图

1. 概念

用剖切面完全地剖开物体所得的剖视图,称为全剖视图。

全剖视图主要用于表达外部形状简单、内部形状复杂而又不对称的机件。对于外部形状简单的对称机件,也采用全剖视图。

2. 全剖视图的画法

若需将视图改画为全剖视图,首先确定剖切位置,并假想剖开机件,然后将遮挡部分移走,把剩下的部分向投影面投射,画出视图;再在断面位置画上相应的剖面符号;最后检查,描深图形。

图 7-12　相邻物体的剖面线

3. 注意事项

1) 全剖视图是机件内部结构的主要表达方法之一,它能把内部结构暴露出来,与外部形状一样表达。

2) 图中的剖面符号和标注能说明断面形状、机件的材料类型、剖切位置和投射方向。

3) 在剖切面后方的可见部分应全部画出,不能遗漏,也不能多画。图 7-13 所示是画剖视图时集中常见的漏线、多线现象。

4) 剖视图是用剖切面假想的剖开物体,所以,当物体的一个视图画成剖视图后,其他视图的完整性应不受影响,仍按完整视图画出,如图 7-14 所示的俯视图仍画成完整视图。

5) 在剖视图上,对于已经表达清楚的结构,其虚线可以省略不画。但如果仍有表达不清楚的部位,其虚线则不能省略,如图 7-14 所示。在没有剖切的视图上,虚线的问题也按同样原则处理。

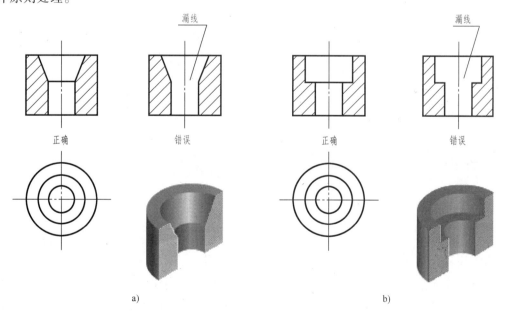

a)　　　　　　　　　　　　　　　　b)

图 7-13　漏线、多线示例

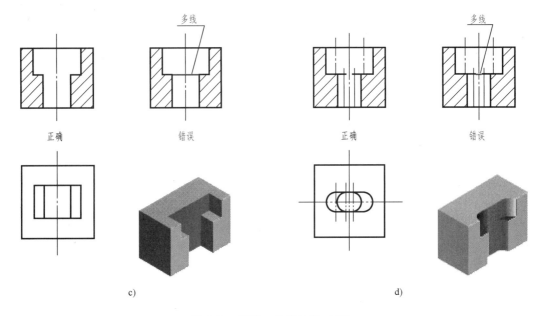

正确　　　　　　　错误　　　　　　　正确　　　　　　　错误

c)　　　　　　　　　　　　　　　　　d)

图 7-13　漏线、多线示例（续）

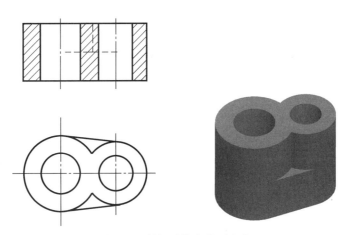

图 7-14　剖视图的虚线不省略

课堂讨论：
　　在日常生活中，实体哪些部位适合用全剖视图来表达？如何绘制？

三、半剖视图

1. 概念

当零件具有对称平面时，向垂直于对称平面的投影面上投射所得的图形，以对称中心线为界，一半画成剖视图，另一半画成视图，这样的图形称为半剖视图。

如图 7-15 所示零件，其前后结构对称（对称平面是正平面），所以左视图可画成半剖视图，其剖切情况如图 7-15 所示。

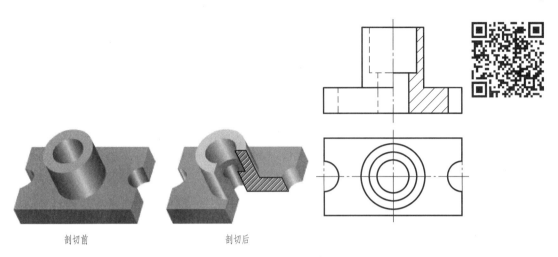

剖切前　　　　　　　　剖切后

图 7-15　半剖视图

由于半剖视图既充分地表达了机件的内部形状，又保留了机件的外部轮廓，所以常用它来表达内外形状都比较复杂的对称机件。

2. 半剖视图的画法

1）表示机件外形的半个视图按外形画出，表达机件内部结构的虚线不再画出，如图 7-16所示。

2）用细点画线将半个视图与半个剖视图分开。

3）然后检查，描深图线。

4）一定要注意剖切面后面的结构，不要漏掉。

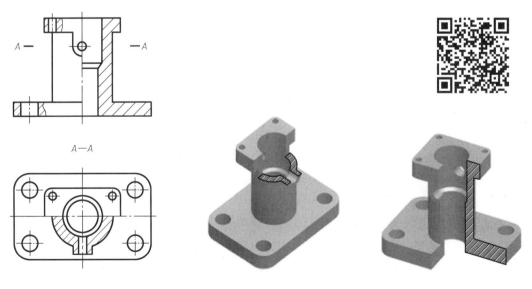

图 7-16　半剖俯视图

3. 注意事项

1）半剖视图能表达机件的内部和外部结构，可减少视图的数量，但运用时一定要注意

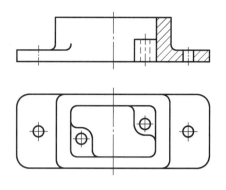

机件的内外结构都是对称的。

2）当机件的形状接近于对称，且不对称部分已另有视图表达清楚时，也可以画成半剖视图，如图7-17所示。

3）视图与剖视图的分界线应是对称中心线（用细点画线表示），而不应画成粗实线，也不应与轮廓线重合。

4）机件的内部形状在半剖视图中已表达清楚，在另一半视图上就不必再画出虚线，但对于孔或槽等应画出中心线位置。

图 7-17　接近于对称机件的半剖视图

课堂讨论：

　　在日常生活中，实体哪些部位适合用半剖视图来表达？如何绘制？

四、局部剖视图

1. 概念

局部剖视图是用剖切平面局部地剖开机件所得的视图，如图7-18所示。

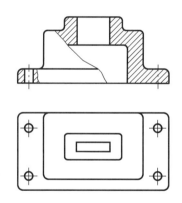

图 7-18　局部剖视图

2. 表达方法

局部视图用波浪线分界，波浪线不应和图样上的其他图线重合；当被剖结构为回转体时，允许将该结构的中心线作为局部剖视图与视图的分界线；如有需要，允许在视图的剖面中再作一次局部剖，采用这样的表达方法时，两个剖面的剖面线应该同一方向，同一间隔，但要互相错开，并用引出线标注其名称。局部剖视图的若干错误画法如图7-19所示。

3. 注意事项

1）画出全剖主视图时一定要注意剖切面后面的结构，不要漏掉；再画表示局部特殊结构的局部剖视图。

2）然后检查，描深图线。

局部剖视图的画法简单，是一种灵活、便捷地表示机件内外结构的表达方法。

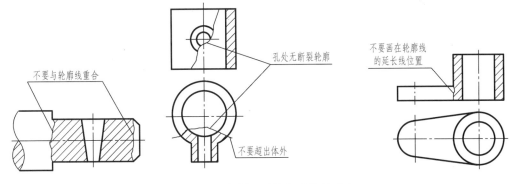

图 7-19　局部剖视图的若干错误画法

不要与轮廓线重合

孔处无断裂轮廓

不要超出体外

不要画在轮廓线的延长线位置

课堂讨论：

在日常生活中，实体哪些部位适合用局部剖视图来表达？如何绘制？

五、剖切面的选用

1. 单一剖切平面

单一剖是用一个剖切平面剖切零件的剖切方法，剖切平面必须平行于某一基本投影面。这是一种常见的剖切方法，如图 7-20 所示。

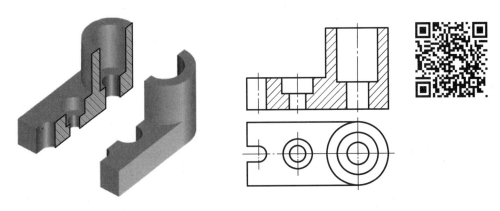

图 7-20　单一剖

2. 两相交的剖切平面

用两个相交的剖切平面（交线垂直于某一基本投影面）剖切零件，这种剖切方法称为旋转剖。常用于有旋转中心的轮、盘类零件的内形表达，如图 7-21 所示。

3. 几个平行的剖切平面

用几个互相平行的剖切平面剖切零件，这种剖切方法称为阶梯剖。阶梯剖常用于零件内部结构呈阶梯状分布情况的表达，如图 7-22 所示。

4. 不平行于任何基本投影面的剖切平面

用不平行于任何基本投影面的剖切平面剖切零件，这种剖切方法称为斜剖。斜剖常用于零件倾斜部位的内形表达，如图 7-23 所示。

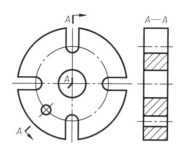

图 7-21　旋转剖

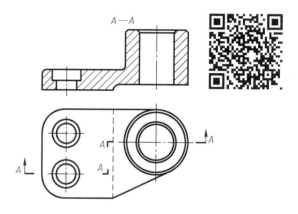

图 7-22　阶梯剖

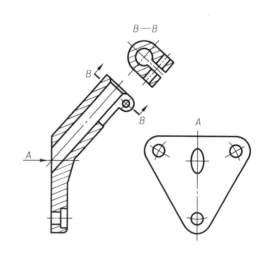

图 7-23　斜剖

5. 组合的剖切平面

除阶梯剖和旋转剖以外，用组合的剖切平面剖切零件的方法称为复合剖。复合剖常用于阶梯剖和旋转剖都不能全部反映内部形状的复杂零件，如图 7-24 所示。

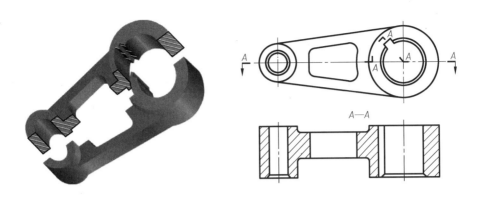

图 7-24　复合剖

第三节　断　面　图

一、断面图的概念及作用

1. 概念

假想用剖切面将物体的某处切断，仅画出该剖切面与物体接触部分的图形，称为断面图，简称断面，如图 7-25b 所示。

a)

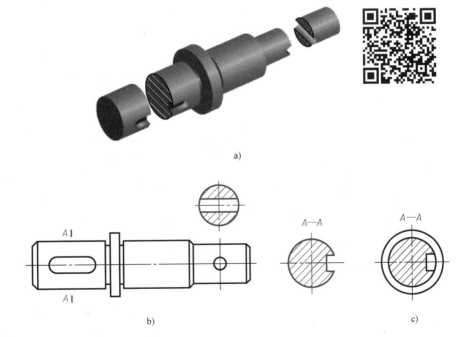

b)　　　　　　　　　　　　　　　c)

图 7-25　断面图的概念

画断面图时，应特别注意断面图与剖视图的区别：断面图上只画出物体被切处的断面形状，而剖视图除了画出物体断面形状之外，还应画出剖切面后的可见部分的投影，如图7-25c所示。

2. 断面图的作用

断面图通常用来表示物体上某一局部的断面形状，例如零件上的肋板、轮辐，轴上的键槽和孔等。

3. 断面图的分类

断面图可分为移出断面图和重合断面图。

二、移出断面图

移出断面图的图形应画在视图之外，轮廓线用粗实线绘制，配置在剖切线的延长线上或其他适当的位置，如图7-26所示。

1. 移出断面图的画法

1）当剖切平面通过由回转面形成的孔或凹坑的轴线时，这些结构应按剖视图绘制，如图7-26所示。

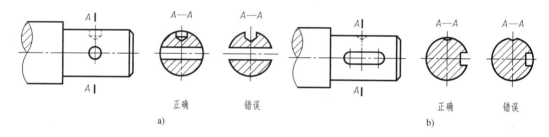

正确　　错误
a)

正确　　错误
b)

图7-26　移出断面的配置及标注

2）当剖切平面通过非圆孔时，会导致出现分离的两个断面图时，则这些结构应按剖视图绘制，如图7-27所示。

3）由两个或多个相交的剖切平面剖切得出的移出断面图，中间一般应断开绘制，如图7-28所示。

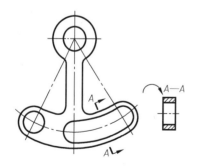

图7-27　按剖视图绘制的移出断面图

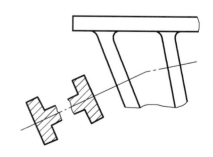

图7-28　断开的移出断面图

2. 移出断面图的标注

移出断面图的标注见表7-2。

表 7-2　移出断面图的标注

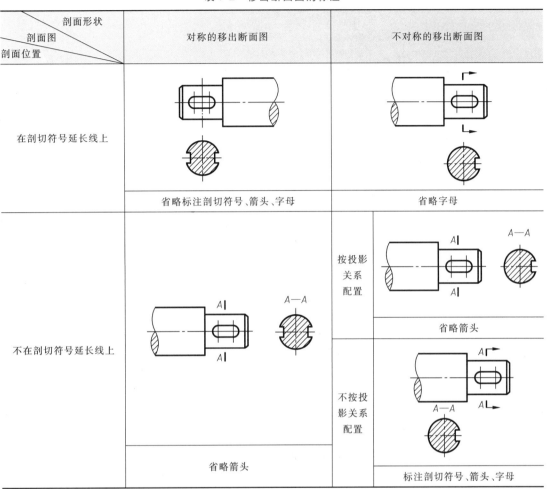

剖面形状 剖面图 剖面位置	对称的移出断面图	不对称的移出断面图
在剖切符号延长线上	省略标注剖切符号、箭头、字母	省略字母
不在剖切符号延长线上	省略箭头	按投影关系配置：省略箭头 不按投影关系配置：标注剖切符号、箭头、字母

　　在日常生活中，实体哪些情况适合用移出断面图来表达？如何绘制？

三、重合断面图

1. 概念
画在视图轮廓线之内的断面图称为重合断面图，如图 7-29 所示。

2. 重合断面图的画法
重合断面图的轮廓线规定用细实线绘制。当视图中的轮廓线与重合断面图重叠时，视图中的轮廓线仍应连续画出，不可间断。对称的重合断面图不必标注，如图 7-29a 所示。不对称的重合断面图要画出剖切符号和表示投射方向的箭头，省略字母；在不致引起误解的情况下，可省略标注，如图 7-29b 所示。

课堂讨论：
　　在日常生活中，实体哪些情况适合用重合断面图来表达？如何绘制？

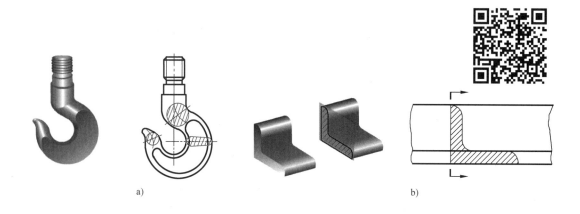

a)　　　　　　　　　　　　　　　　　b)

图 7-29　重合断面图

第四节　局部放大图和简化画法

一、局部放大图

1. 基本概念

将机件的部分结构用大于原图形的比例画出的图形，称为局部放大图，如图 7-30 所示。

当机件的某些结构较小，如果按原图所用的比例画出，图形过小而表达不清楚，或标注尺寸困难时，可采用局部放大图画出。

2. 画局部放大图的注意事项

1）局部放大图可以画成视图、剖视图或断面图，它与原图形的表达方式无关，如图 7-31 所示。

2）绘制局部放大图时，应用细实线圈出被放大的部位，并尽量配置在被放

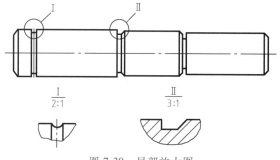

图 7-30　局部放大图

大部位的附近，而且要在图形上方标出放大的比例，如图 7-31 所示。

3）当同一机件上有几个被放大的部分时，可用罗马数字依次标明被放大的部位，并在局部放大图的上方标注出相应的罗马数字和采用的比例，如图 7-31 所示。

4）当机件上仅有一个需要放大的部位时，在局部放大图的上方只需标注采用的比例，如图 7-32 所示。

课堂讨论：

　　在日常生活中，实体哪些部位适合用局部放大图来表达？如何绘制？

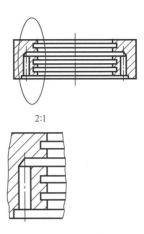

2:1

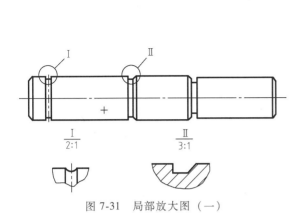

图 7-31　局部放大图（一）

图 7-32　局部放大图（二）

二、简化画法（GB/T 16675.1—2012、GB/T 4458.1—2002）

1. 相同结构的简化画法

1）机件上有相同的结构要素（如齿、孔、槽等），并按一定规律分布时，可以只画出几个完整的要素，其余用细实线连接，或画出它们的中心位置，但图中必须注出该要素的总数，如图 7-33 所示。

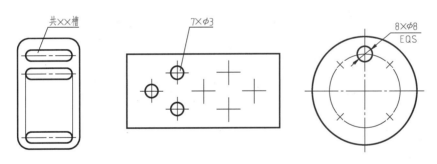

图 7-33　相同结构的简化画法（一）

2）对于机件的肋板、轮辐及薄壁等结构，如果剖切平面按纵向剖切，这些结构都不画出剖面符号，而用粗实线将它与其相邻部分分开，如图 7-34 所示；回转体机件上均匀分布的肋、轮辐、孔等结构不处于剖切平面上时，可将这些结构旋转到剖切平面上画出。

3）网状物、编织物或机件上的滚花部分，可在轮廓线附近用粗实线局部画出的方法表示，也可省略不画，如图 7-35 所示。

4）对较长的机件沿长度方向的形状一致或按一定规律变化时，例如轴、杆、型材、连杆等，可以断开后缩短绘制，其断裂边界可用波浪线绘制，也可用双折线或细双点画线绘制，但尺寸仍按机件的设计要求标注，如图 7-36 所示。

2. 对称机件的简化画法

在不致引起误解时，对于对称机件的视图可只画 1/2 或 1/4，并在对称中心线的两端画出两小条与其垂直的平行细实线，如图 7-37 所示。

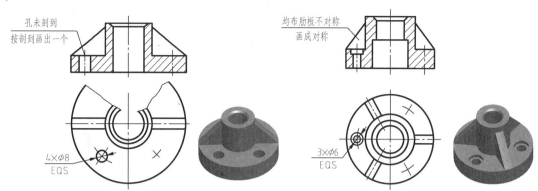

图 7-34　相同结构的简化画法（二）

图 7-35　滚花的局部表示画法

图 7-36　较长机件的简化画法

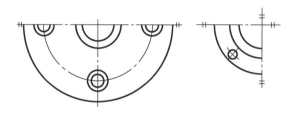

图 7-37　对称机件的简化画法

3. 某些结构的简化画法

当回转体机件上的平面在图形中不能充分表达时，可用两条相交的细实线表示这些平面，如图 7-38 所示。

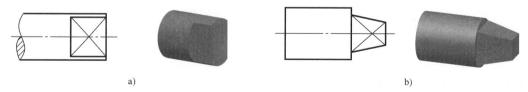

　　　　a)　　　　　　　　　　　　　　　　　　　b)

图 7-38　平面的简化画法

课堂讨论：
　　在日常生活中，实体哪些结构适合用简化画法来表达？如何绘制？

第五节　零件表达方法的综合实例

　　恰当选用视图、剖视图、断面图以及简化画法等各种表示法，将机件的内外结构形状表达清楚。选择机件表达方案时，应根据机件的结构特点，首先考虑看图的便利性，在完整、清晰地表达机件各部分形状和相对位置的前提下，力求作图简便。

一、机件各种表达方法

　　视图、剖视图、断面图、局部放大图和简化画法，这些表达方法在表达机件的结构时都有着各自的特点和应用场合。
　　（1）视图　主要用于表达机件的外部形状，包括基本视图、向视图、局部视图和斜视图。
　　（2）剖视图　主要用于表达机件的内部形状，包括全剖视图、半剖视图和局部剖视图。
　　（3）断面图　用于表达机件的断面形状，包括移出断面图和重合断面图。

二、表达方法的选用原则

　　在选择表达机件的视图时，首先应考虑看图的便利性，并根据机件的结构特点，用较少的图形把机件的结构形状完整、清晰地表达出来。在这一原则的指导下，还要注意所选用的每个图形，它既要有各图形自身明确的表达内容，又要注意它们之间的相互联系。

三、综合运用实例

　　以图 7-39 所示管接头为例，说明零件表达方法的综合运用。
　　1. 实体分析
　　该管接头中间是空心圆柱，其左上方和右下方又各有一个空心圆柱。几个空心圆柱的端部有 4 个连接用的凸缘，其形状各不相同。
　　2. 视图分析
　　主视图采用 B—B 旋转剖，既要表示机件外部各形体的相对位置，又要表示内腔各部分结构形状和相对位置。
　　俯视图采用 A—A 阶梯剖，既要表示左右两个通道与中间空心圆柱连接的形状和相对位置，也要表示下部凸缘的形状和孔的分布。C—C 斜剖表示右通道凸缘的形状及凸缘上孔的分布。F 向局部视图表示机件上端凸缘的形状和孔的分布。E 向局部视图表示左面通道凸缘的形状和孔的分布。

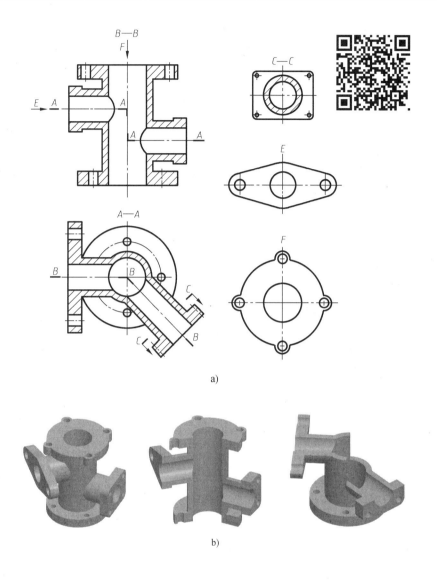

图 7-39　管接头的表达方法

第六节　第三角画法简介

　　世界上多数国家都采用第一角画法，也有一部分国家采用第三角画法，为了便于日益增多的国际技术交流和协作，应对第三角画法有所了解。

一、第三角投影法的概念

　　如图 7-40 所示，由三个互相垂直相交的投影面组成的投影体系，把空间分成了 8 个部分，每一部分为一个分角，依次为 Ⅰ、Ⅱ、Ⅲ、Ⅳ、…、Ⅶ、Ⅷ分角。将机件放在第一分角进行投影，称为第一角画法。而将机件放在第三分角进行投影，称为第三角画法。

二、比较第三角画法与第一角画法

（GB/T 13361—2012）

第三角画法与第一角画法的区别在于人（观察者）、物（机件）、图（投影面）的位置关系不同。

采用第一角画法时，是把物体放在观察者与投影面之间，从投射方向看是"人、物、图"的关系，如图 7-41 所示。

采用第三角画法时，是把投影面放在观察者与物体之间，从投射方向看是"人、图、物"的关系，如图 7-42 所示。投影时就好像隔着"玻璃"看物体，将物体的轮廓形状印在"玻璃"（实际投影面）上。

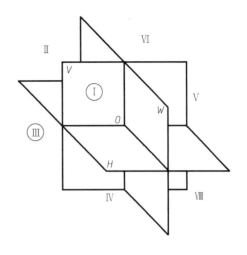

图 7-40　投影体系

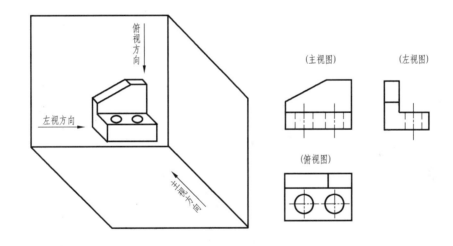

图 7-41　第一角画法

三、第三角投影图的形成

采用第三角画法时，在图 7-42 所示投影面体系上，从前面观察物体在 V 面上得到的视图称为前视图；从上面观察物体在 H 面上得到的视图称为顶视图；从右面观察物体在 W 面上得到的视图称为右视图。各投影面的展开方法是：V 面不动，H 面向上旋转 $90°$，W 面向右旋转 $90°$，从而使三投影面处于同一平面内。

采用第三角画法时也可以将物体放在正六面体中，分别从物体的 6 个方向向各投影面进行投射，得到 6 个基本视图，即在三视图的基础上增加了后视图（从后往前看）、左视图（从左往右看）、底视图（从下往上看）。第三角画法投影面展开图如图 7-43 所示。

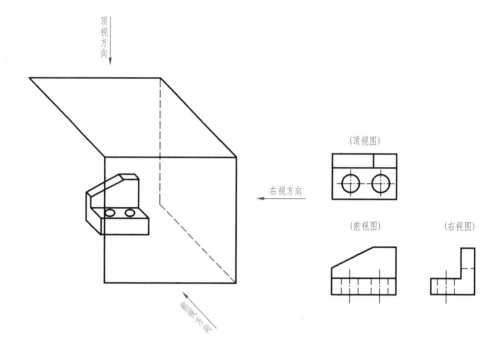

图 7-42   第三角画法

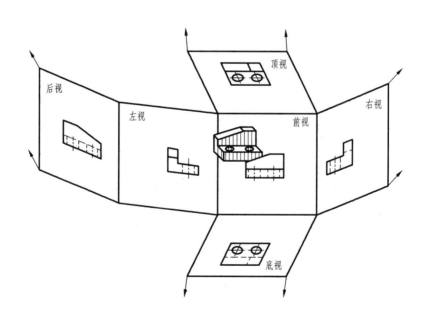

图 7-43   第三角画法投影面展开图

第三角画法视图的配置如图 7-44 所示。

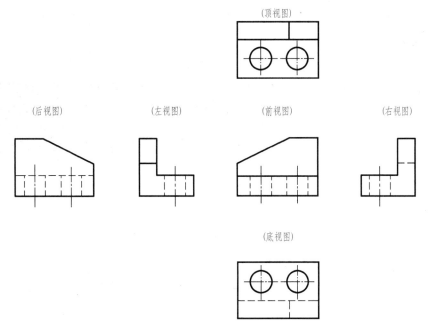

图 7-44　第三角画法视图的配置

四、第一角画法和第三角画法的识别符号（GB/T 14692—2008）

在国际标准中规定，可以采用第一角画法，也可以采用第三角画法。为了区别这两种画法，国家标准规定在标题栏内（右下角）"名称和符号区"的最下方用规定的识别符号表示，如图 7-45 所示。

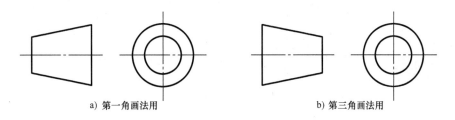

图 7-45　第一角画法和第三角画法的识别符号

课堂讨论：
　　第三角画法与第一角画法有什么区别？如何用第三角画法绘制图样？

第八章

常用机件及标准结构要素的表达法

常用非标准件主要指齿轮，常用标准件主要有螺纹紧固件、键、销、弹簧和滚动轴承。本章将介绍螺纹和螺纹紧固件、键、销、齿轮、弹簧和滚动轴承的特殊表达法，并进行必要的标注。

第一节　螺纹和螺纹紧固件

一、螺纹的视图及标注

1. 螺纹的加工

在圆柱或圆锥表面上，沿着螺旋线形成的具有相同牙型的连续凸起的牙体，称为螺纹。螺纹都是根据螺旋线原理加工而得到的，如图 8-1 所示。在圆柱或圆锥外表面上形成的螺纹

a) 加工外螺纹

b) 加工内螺纹

c) 加工直径较小的内螺纹

图 8-1　螺纹的加工方法

称为外螺纹，如图 8-1a 所示；在内表面上形成的螺纹称为内螺纹，如图 8-1b 所示。

内、外螺纹都可以在车床上加工，如图 8-1a、b 所示。若加工直径较小的内螺纹，可按图 8-1c 所示加工，先用钻头钻孔（由于钻头顶角 118°，所以钻孔的底部按 120°简化画出），再用丝锥加工内螺纹。

2. 螺纹的基本要素

（1）旋向　螺纹有左旋和右旋两种，判别方法如图 8-2 所示。工程上常用右旋螺纹。

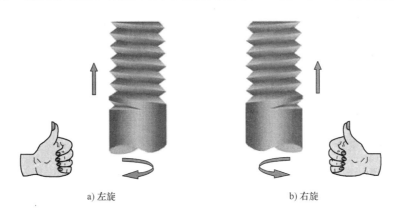

a) 左旋　　　　　　　　　b) 右旋

图 8-2　螺纹旋向判别方法

（2）线数　螺纹有单线和多线之分。沿一条螺旋线形成的螺纹称为单线螺纹，沿两条或两条以上螺旋线形成的螺纹称为双线或多线螺纹，如图 8-3 所示。

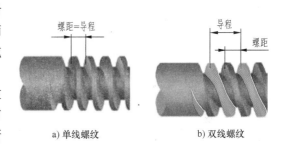

a) 单线螺纹　　　　　b) 双线螺纹

图 8-3　螺纹的线数

（3）牙型　通过螺纹轴线断面上的螺纹轮廓形状称为螺纹牙型。常见的螺纹牙型有三角形、梯形、锯齿形和矩形，如图 8-4 所示。其中，矩形螺纹尚未标准化，其余牙型的螺纹均为标准螺纹。

a) 三角形　　　　　　　　b) 梯形　　　　　　　　c) 锯齿形

图 8-4　螺纹牙型

（4）直径　螺纹的直径有大径、中径和小径，如图 8-5 所示。

大径是指与外螺纹牙顶或内螺纹牙底相切的假想圆柱或圆锥的直径（即螺纹的最大直径），内、外螺纹的大径分别用 D 和 d 表示。代表螺纹尺寸的直径称为螺纹的公称

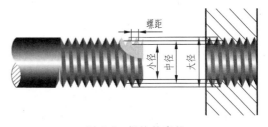

图 8-5　螺纹的直径

直径。

中径是指母线通过牙型上沟槽和凸起宽度相等处的假想圆柱或圆锥的直径。内、外螺纹的中径分别用 D_2 和 d_2 表示。

小径是指与外螺纹牙底或内螺纹牙顶相切的假想圆柱或圆锥的直径，内、外螺纹的小径分别用 D_1 和 d_1 表示。

（5）螺距和导程　螺纹上相邻两牙在中径线上对应两点间的轴向距离称为螺距（P）；沿同一条螺旋线形成的螺纹，相邻两牙在中径线上对应两点间的轴向距离称为导程（Ph），如图 8-3 所示。对于单线螺纹，导程=螺距；对于线数为 n 的多线螺纹，导程=n×螺距。

内、外螺纹在配合时，只有当它们的旋向、线数、牙型、直径和螺距五个要素完全一致时，才能正常地旋合。

3. 螺纹分类

螺纹按用途可分为四类：

（1）紧固用螺纹　用来连接零件的连接螺纹，如普通螺纹。

（2）传动用螺纹　用来传递动力和运动的传动螺纹，如梯形螺纹、锯齿形螺纹和矩形螺纹等。

（3）管螺纹　如 55°非密封管螺纹、55°密封管螺纹、60°密封管螺纹等。

（4）专门用途螺纹　如自攻螺钉用螺纹、气瓶专用螺纹等。

4. 螺纹的标记与标注

（1）普通螺纹、梯形螺纹和锯齿形螺纹的螺纹标记：

例如：

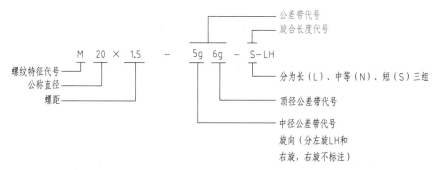

（2）管螺纹的螺纹标记：

例如：

常用螺纹的规定标注见表 8-1。

表 8-1　常用螺纹的规定标注

螺纹类别		标注方式	标记示例	标注说明
普通螺纹（M）	粗牙	M12-5g 6g 顶径公差带代号 中径公差带代号 螺纹直径	M12-5g6g	1）螺纹标记应注在大径的尺寸线或其引出线上 2）粗牙螺纹不标注螺距 3）细牙螺纹标注螺距 4）6g 不标注 5）左旋螺纹要注写 LH，右旋不标注
		M12-7H-L-LH 旋向（左旋） 旋合长度 中径和顶径公差带代号 螺纹直径	M12-7H-L-LH	
	细牙	M30×1.5 -5g6g 螺距	M30×1.5-5g6g	
梯形螺纹（Tr）	单线	Tr30×7-7e 中径公差带代号	Tr30×7-7e	1）单线螺纹只注螺距，多线螺纹注导程和螺距 2）旋合长度分为中等（N）和长（L）两组，中等旋合长度可不标注
	多线	Tr30×14（P7）LH-7e 旋向（左旋） 螺距 导程	Tr30×14(P7)LH-7e	
锯齿形螺纹（B）		B40×6-7e B40×14(P7)LH-8c-L	B40×14(P7)LH-8c-L	与梯形螺纹标注说明相同
55°非密封管螺纹	内螺纹	G1/2	G1/2	1）特征代号右边的数字为尺寸代号 2）内螺纹公差等级只有一种，不标注公差等级；外螺纹公差等级分为 A 级和 B 级两种，需标注
	外螺纹	G1/2A	G1/2A	

螺纹长度标注时，螺纹长度指不包括螺尾在内的有效螺纹长度；否则应另加说明或按实际需要标注，如图8-6所示。

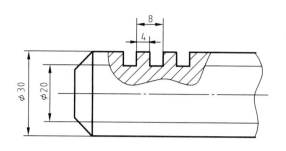

图8-6　非标准螺纹的标注

二、螺纹的规定画法

1. 外螺纹的规定画法

螺纹牙顶（大径）圆及螺纹终止线用粗实线表示；螺纹牙底（小径）圆用细实线表示（小径近似地画成大径的0.85倍），并画出螺杆的倒角或倒圆部分，在垂直于螺纹轴线的投影面的视图中，表示牙底圆的细实线只画约3/4圈，此时轴与孔上的倒角投影不应画出，如图8-7所示。

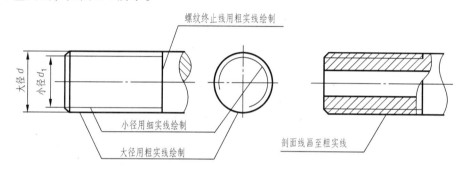

图8-7　外螺纹的画法

2. 内螺纹的规定画法

内螺纹一般画成剖视图，其牙顶（小径）圆及螺纹终止线用粗实线表示；牙底（大径）圆用细实线表示，剖面线画到粗实线为止。在垂直于螺纹轴线的投影面的视图中，小径圆用粗实线表示；大径圆用细实线表示，且只画约3/4圈。此时，螺纹倒角或倒圆省略不画，如图8-8所示。

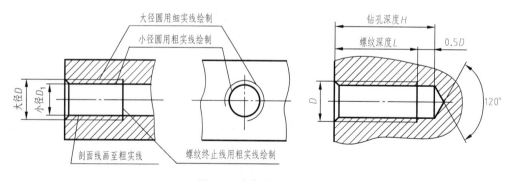

图8-8　内螺纹的画法

三、螺栓、螺母和垫圈的比例画法

螺栓、螺母和垫圈的比例画法，如图8-9所示。

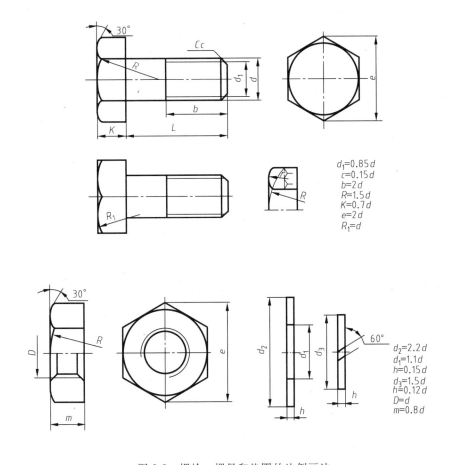

$$d_1=0.85d$$
$$c=0.15d$$
$$b=2d$$
$$R=1.5d$$
$$K=0.7d$$
$$e=2d$$
$$R_1=d$$

$$d_2=2.2d$$
$$d_1=1.1d$$
$$h=0.15d$$
$$d_3=1.5d$$
$$h=0.12d$$
$$D=d$$
$$m=0.8d$$

图 8-9　螺栓、螺母和垫圈的比例画法

常用的螺纹紧固件有螺栓、螺柱、螺母、垫圈和螺钉等，如图 8-10 所示。它们的结构、尺寸都已经标准化，使用时可从相应的标准中查出所需的结构尺寸。

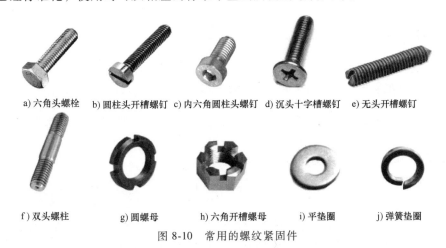

a) 六角头螺栓　　b) 圆柱头开槽螺钉　c) 内六角圆柱头螺钉　d) 沉头十字槽螺钉　e) 无头开槽螺钉

f) 双头螺柱　　　g) 圆螺母　　　h) 六角开槽螺母　　　i) 平垫圈　　　j) 弹簧垫圈

图 8-10　常用的螺纹紧固件

常用螺纹紧固件的标记见表 8-2。

表8-2 常用螺纹紧固件的标记

名称	标记示例	名称	标记示例
六角头螺栓	螺栓 GB/T 5780 M12×50	开槽沉头螺钉	螺钉 GB/T 68 M10×50
双头螺柱	螺柱 GB/T 897 M12×50	十字槽沉头螺钉	螺钉 GB/T 819.1 M10×45
开槽锥端紧定螺钉	螺钉 GB/T71 M6×20-14H	1型六角螺母	螺母 GB/T 6170 M16
开槽长圆柱端紧定螺钉	螺钉 GB/T 75 M10×50-14H	1型六角开槽螺母	螺母 GB/T 6178 M16
开槽圆柱头螺钉	螺钉 GB/T 65 M10×45	平垫圈	垫圈 GB/T 97.1 17

课堂讨论：

日常生活中有哪些螺纹实例？螺纹有哪些参数？如何绘制螺纹？

四、螺纹连接的画法

螺纹连接有螺栓连接、双头螺柱连接和螺钉连接。

1. 螺栓连接

螺栓适用于连接两个不太厚的零件和需要经常拆卸的场合。螺栓穿入两个零件的光孔，再套上垫圈，然后用螺母拧紧。垫圈的作用是防止损伤零件的表面，并能增加支承面积，使其受力均匀。画螺栓连接图时，如图8-11所示，应注意以下几点：

1）螺栓公称长度估算公式为：$L = t_1 + t_2 + $ 垫圈厚度 + 螺母高度 + a。其中 t_1、t_2 表示被连接零件的厚度，$a = (0.3 \sim 0.4)d$，螺纹长度 $L_0 = (1.5 \sim 2)d$，光孔直径 $d_0 = 1.1d$。

2）在装配图中，当剖切平面通过螺杆的轴线时，对于螺柱、螺栓、螺钉、螺母及垫圈等均按未剖切状态绘制。

3）螺纹紧固件的工艺结构，如倒角、退刀槽、缩颈等均可省略不画。

4）两个被连接零件的接触面只画一条线；两个零件相邻但不接触，画成两条线。

5）在剖视图中表示相邻两个零件时，相邻零件的剖面线必须以不同的方向或以同向不同的间隔画出。同一个零件的各个剖面区域，其剖面线画法应一致。

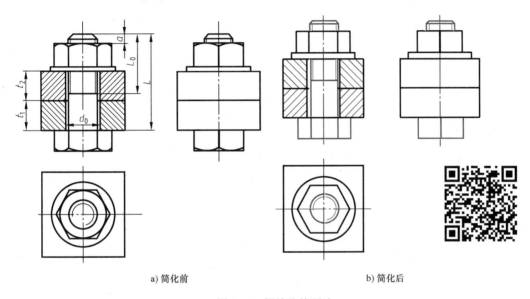

a) 简化前　　　　　　　　　　　　　　b) 简化后

图 8-11　螺栓连接画法

2. 双头螺柱连接

双头螺柱是两端都制有螺纹的圆柱体。当两个被连接的零件有一个较厚不宜钻通孔时，通常在较薄的零件上钻通孔，在较厚的零件上则加工出螺孔，采用双头螺柱连接。双头螺柱的一端旋入较厚零件的螺孔中，称为旋入端；另一端穿过较薄零件的通孔，再套上垫圈，用螺母拧紧，称为紧固端。双头螺柱连接的比例画法和螺栓连接的比例画法基本相同，如图8-12 所示。

画双头螺柱装配图时应注意以下几点：

1）双头螺柱的公称长度 L 按下式估算：$L \geqslant t + 0.15d + 0.8d + (0.3 \sim 0.4)d$；其中 t 表示通孔零件的厚度。然后将估算出的数值圆整成标准系列值。

2）双头螺柱旋入端的长度 b_m 与被旋入零件的材料有关：

对于钢或青铜，$b_m = d$；

对于铸铁，$b_m = (1.25 \sim 1.5)d$；

对于铝合金，$b_m = 2d$。

旋入端的螺纹终止线应与结合面平齐，表示旋入端已足够地拧紧。

被连接件螺孔的螺纹深度应大于旋入端的螺纹长度 b_m，一般螺孔的深度按 $(b_m + 0.5d)$ 画出。在装配图中，不钻通的螺纹孔可不画出钻孔深度，仅按有效螺纹部分的深度画出。

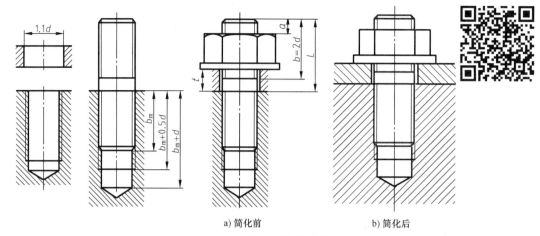

a) 简化前　　　　　　　　b) 简化后

图 8-12　双头螺柱连接画法

3. 螺钉连接

螺钉连接的特点是：不使用螺母，仅靠螺钉与一个零件上的螺孔旋紧连接，如图 8-13 所示。

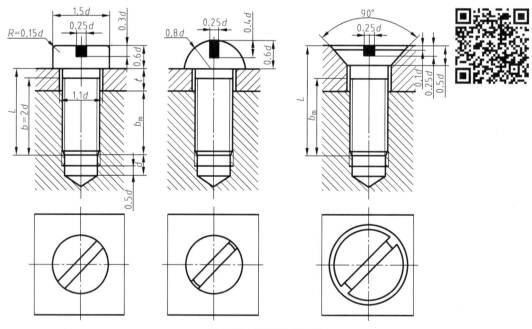

图 8-13　螺钉连接画法

画螺钉连接装配图时注意以下几点：

1）螺钉的公称长度 L 可按下式计算：$L = t + b_m$。式中，t 表示通孔零件的厚度，b_m 根据被旋入零件的材料而定。然后将估算出的数值圆整成标准系列值。

2）螺纹终止线应高出螺纹孔端面，以表示螺钉尚有拧紧的余地，而被连接件已被压紧。

3）螺钉头部的一字槽，可画成一条特粗（2 倍粗实线）实线，在投影为圆的视图中，螺钉头部的一字槽画在与中心线倾斜 45°角位置。

课堂讨论：

在日常生活中，有哪些物品采用了螺纹连接？它们都是哪种螺纹连接？

第二节　键连接和销连接

一、键连接概述

键连接是一种可拆连接。键用来连接轴和装在轴上的转动零件，如齿轮、带轮、联轴器等，起传递转矩的作用。通常在轴上和轮子上分别制出一个键槽，装配时先将键嵌入轴的键槽内，然后将轮毂上的键槽对准轴上的键装入即可。常用的键有普通平键、半圆键和钩头楔键等，如图 8-14 所示。

a) 普通平键　　　　　　　　　　b) 半圆键　　　c) 钩头楔键

图 8-14　常用的几种键

由于它们均为标准件，其结构和尺寸以及相应的键槽尺寸都可以在相应的国家标准中查到。常用键的型式、画法及标记见表 8-3。

表 8-3　常用键的型式、画法及标记

名称	标准号	图例	标记示例
普通平键	GB/T 1096—2003		$b = 18\text{mm}$，$h = 11\text{mm}$，$L = 100\text{mm}$ 的圆头普通 A 型平键：GB/T 1096 键 18×11×100
半圆键	GB/T 1098—2003		$b = 6\text{mm}$，$h = 10\text{mm}$，$D = 25\text{mm}$，$L \approx 24.5\text{mm}$ 的半圆键：GB/T 1098 键 6×10×25

（续）

名称	标准号	图例	标记示例
钩头楔键	GB/T 1565—2003		$b = 18mm$，$h = 11mm$，$L = 100mm$ 的钩头楔键： GB/T 1565 键 18×11×100

二、键槽和键连接的画法

1. 普通平键连接

画平键连接装配图前，先要知道轴的直径和键的型式，然后查有关标准确定键的公称尺寸 b 和 h 及轴和轮子的键槽尺寸，并选定键的标准长度 L。

例 8-1：已知轴的直径为 24mm，采用普通 A 型平键，由标准 GB/T 1096—2003 查得键的尺寸 $b=8mm$，$h=7mm$；轴和轮（毂）上键槽尺寸 $t=4mm$，$t_1=3.3mm$，键长 L 应小于轮（毂）厚度（$B=25mm$），选取键长 $L=22mm$，其零件图中轴和轮（毂）上键槽尺寸标注如图 8-15 所示。

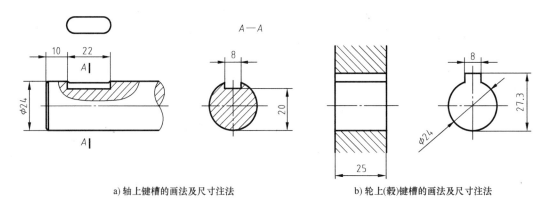

a) 轴上键槽的画法及尺寸注法   b) 轮上(毂)键槽的画法及尺寸注法

图 8-15　键槽的画法

普通平键是用两侧面为工作面来做周向固定和传递运动和动力，因此，其两侧面和下底面均与轴、轮（毂）上键槽的相应表面接触，而平键顶面与轮（毂）键槽顶面之间不接触，应留有间隙。其装配图画法如图 8-16 所示。

国家标准规定在装配图中，对于键等实心零件，当剖切平面通过其对称平面纵向剖切时，键按不剖绘制。

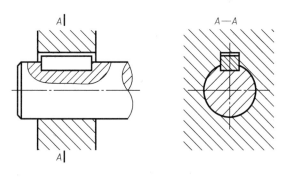

图 8-16　普通平键连接装配图画法

2. 半圆键连接

半圆键的两侧面为工作面，与轴和轮（毂）上的键槽两侧面接触，而半圆键的顶面与轮（毂）键槽顶面之间不接触，应留有间隙。由于半圆键在键槽中能绕槽底圆弧摆动，可以自动适应轮（毂）中键槽的斜度，因此适用于具有锥度的轴。

半圆键连接与普通平键连接相似，其装配图画法如图 8-17 所示。

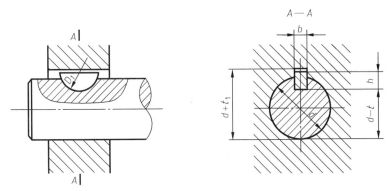

图 8-17　半圆键连接装配图画法

3. 钩头楔键连接

钩头楔键的上下两面是工作面，而键的两侧为非工作面，楔键的上表面有 1∶100 的斜度，装配时打入轴和轮（毂）的键槽内，靠楔面作用传递转矩，能轴向固定零件和传递单向的轴向力。钩头楔键连接装配图画法如图 8-18 所示。

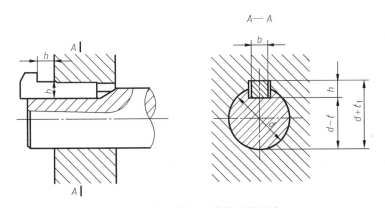

图 8-18　钩头楔键连接装配图画法

课堂讨论：
　　在日常生活中，有哪些物品采用了键连接？它们是哪种键连接？

三、销连接

销连接也是一种可拆连接。销在机器中主要起定位和连接作用，连接时，只能传递不大的转矩。常用的有圆柱销、圆锥销和开口销等，如图 8-19 所示。

销是标准件，其结构型式、尺寸和标记都可以在相应的国家标准中查到，常用销的型

a) 圆柱销　　　　　　　　b) 圆锥销　　　　　　　　c) 开口销

图 8-19　常用的销

式、画法及标记见表 8-4。因为 A 型圆锥销应用较多，所以 A 型圆锥销不注 "A"。

表 8-4　常用销的型式、画法及标记

名称	标准号	图　　例	标记示例
圆柱销	GB/T 119.1—2000		公称直径 $d = 8mm$，长度 $l = 18mm$，材料 35 钢，热处理硬度为 $28 \sim 38HRC$，表面氧化处理的 A 型圆柱销： 销　GB/T 119.1　A8×18
圆锥销	GB/T 117—2000		公称直径 $d = 10mm$，长度 $l = 60mm$，材料 35 钢，热处理硬度为 $28 \sim 38HRC$，表面氧化处理的 A 型圆锥销： 销　GB/T 117　10×60
开口销	GB/T 91—2000		公称直径 $d = 5mm$，长度 $l = 50mm$，材料为低碳钢，不经表面处理的开口销： 销　GB/T 91　5×50

　　圆柱销和圆锥销的画法与一般零件相同。如图 8-20 所示，在剖视图中，当剖切平面通过销的轴线时，按不剖处理。画轴上的销连接时，通常对轴采用局部剖，表示销和轴之间的配合关系。用圆柱销和圆锥销连接零件时，装配要求较高，被连接零件的销孔一般在装配时同时加工，并在零件图上注明 "与××件配作"，如图 8-21 所示。开口销常与槽形螺母配合使用，它穿过螺母上的槽和螺杆上的孔以防止螺母松动。

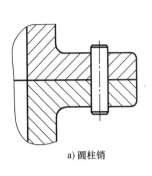

a) 圆柱销

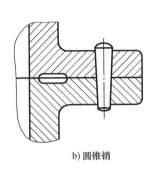

b) 圆锥销

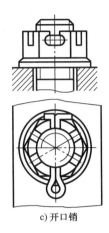

c) 开口销

图 8-20　销连接的画法

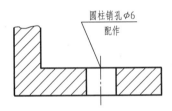

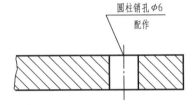

图 8-21　配作

课堂讨论：

在日常生活中，有哪些物品采用了销连接？它们是哪种销连接？

第三节　齿　　轮

一、齿轮概述

齿轮是机械传动中应用最广泛的一种传动件，它将一个轴上的动力传递给另一个轴；除了传递动力外，齿轮还可以改变轴的转速和方向。

1. 常见齿轮副的种类

（1）圆柱齿轮啮合　常用于两平行轴之间的传动，如图 8-22 a、b 所示。

（2）锥齿轮啮合　常用于两相交轴之间的传动，如图 8-22c 所示。

（3）蜗轮与蜗杆啮合　用于两交错轴之间的传动，如图 8-22d 所示。

2. 齿轮的结构

齿轮结构的形式有以下 4 种：

（1）齿轮轴　当齿轮的齿根圆到键槽底面的距离 e 很小，如圆柱齿轮 $e \leqslant 2.5$mm，锥齿轮的小端 $e \leqslant 1.6$m，为了保证轮毂键槽足够的强度，应将齿轮与轴作成一体，形成齿轮轴。

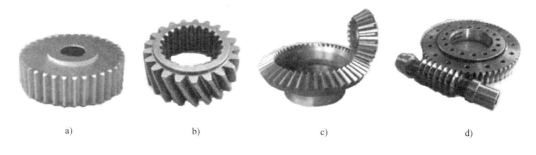

图 8-22　齿轮传动

（2）实心式齿轮　当齿顶圆直径 $d_a \leqslant 200$mm 或高速传动且要求低噪声时，可采用实心结构。

（3）腹板式齿轮　对于齿顶圆直径 $d_a \leqslant 500$mm 时，可采用腹板式结构。

（4）轮辐式齿轮　对于齿顶圆直径 $d_a \geqslant 400$mm 时，为了减轻质量，一般选用轮辐式结构。

二、标准齿轮的规定画法

1. 圆柱齿轮各部分的名称和代号

圆柱齿轮分为直齿圆柱齿轮、斜齿圆柱齿轮和人字齿轮。图 8-23 所示是一个直齿圆柱齿轮，它的名部分名称如下。

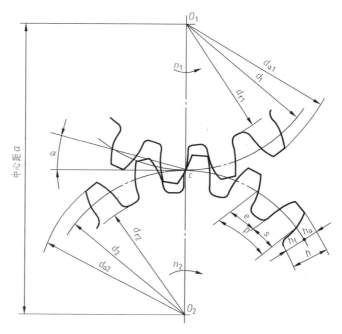

图 8-23　齿轮各部分的名称

（1）齿顶圆　齿顶圆是通过轮齿顶部的圆，其直径以 d_a 表示。

（2）齿根圆　齿根圆是通过轮齿根部的圆，其直径以 d_f 表示。

（3）分度圆　在标准齿轮上，分度圆是齿厚 s 与齿槽宽 e 相等处的圆，其直径以 d 表示。

（4）齿高　轮齿在齿顶圆和齿根圆之间的径向距离称为齿高，用 h 来表示；分度圆将齿高分为两部分，齿顶圆与分度圆之间的径向距离称为齿顶高，以 h_a 表示；分度圆与齿根圆之间的径向距离称为齿根高，以 h_f 表示；齿高 $h = h_a + h_f$。

（5）齿距　在分度圆上相邻齿的同侧齿面间的弧长称为齿距，用 p 来表示。在标准齿轮中，齿距＝齿厚+槽宽。

（6）齿数　轮齿的数量称为齿数，用 z 表示。

（7）模数　齿距 p 与 π 的比值，用模数 m 来表示，$m = p/\pi$。模数是齿轮的重要参数，因为相互啮合的两个齿轮的齿距必须相等，所以它们的模数必须相等。模数越大，轮齿各部分尺寸也随之成比例增大，轮齿上能承受的力也越大，如图 8-24 所示。不同模数的齿轮要用不同模数的刀来加工。为了便于设计加工，国家制定了统一的标准模数系列，圆柱齿轮的模数见表 8-5。

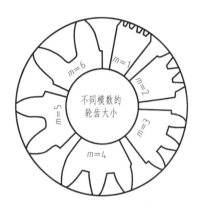

图 8-24　齿轮模数

表 8-5　圆柱齿轮的模数　　　　　　　　　（单位：mm）

第一系列	1　1.25　1.5　2　2.5　3　4　5　6　8　10　12　16　20　25　32　40　50
第二系列	1.75　2.25　2.75　（3.25）　3.5　（3.75）　4.5　5.5　（6.5）　7　9　（11）　14　18　22　28　36　45

注：1. 对斜齿圆柱齿轮是指法向模数 m_n。
　　2. 优先选用第一系列，括号内的数值尽可能不用。

（8）齿形角 α　两相啮合轮齿的端面齿廓在接触点的公法线与两节圆的内公切线所夹的锐角称为齿形角。我国采用的齿形角 α 一般为 $20°$。

2. 标准直齿圆柱齿轮几何要素的尺寸计算

（1）中心距 a　两啮合齿轮轴线之间的距离称为中心距。在标准情况下：

$$a = \frac{1}{2}(d_1 + d_2) = \frac{1}{2}m(z_1 + z_2)$$

（2）速比 i　主动齿轮转速（转/分）与从动齿轮转速之比称为速比。由于转速与齿数成反比，因此，速比也等于从动齿轮齿数与主动齿轮齿数之比。

$$i = n_1/n_2 = z_2/z_1$$

模数、齿数、齿形角是齿轮的三个基本参数，它们的大小是通过设计计算并按相关标准确定的。直齿圆柱齿轮几何要素的尺寸计算见表 8-6。

表 8-6　直齿圆柱齿轮几何要素的尺寸计算

序号	名称	代号	计算公式	说　明
1	齿数	z	根据设计要求或测绘而定	z、m 是齿轮的基本参数，设计计算时，先确定 m、z，然后得出其他各部分尺寸
2	模数	m	$m = p/\pi$ 根据强度计算或测绘而得	

（续）

序号	名称	代号	计算公式	说　　明
3	分度圆直径	d	$d = mz$	
4	齿顶圆直径	d_a	$d_a = d + 2h_a = m(z+2)$	齿顶高 $h_a = m$
5	齿根圆直径	d_f	$d_f = d - 2h_f = m(z-2.5)$	齿根高 $h_f = 1.25m$
6	齿宽	b	$b = 2p \sim 3p$	齿距 $p = \pi m$
7	中心距	a	$a = \dfrac{d_1 + d_2}{2} = \dfrac{m}{2}(z_1 + z_2)$	

3. 直齿轮的规定画法（GB/T 4495.2—2003）

齿轮的轮齿部分，一般不按真实投影绘制，而是采用规定画法。

1）齿顶圆和齿顶线用粗实线绘制。

2）分度圆和分度线用细点画线绘制。

3）齿根圆和齿根线用细实线绘制，可省略不画；在剖视图中齿根线用粗实线绘制。

直齿轮通常用两个视图来表示，轴线水平放置，其中平行于齿轮轴线的投影面的视图画成全剖或半剖视图，另一个视图表示孔和键槽的形状。如图 8-25 所示，分度圆的点画线应超出轮廓线；在剖视图中，当剖切面通过齿轮轴线时，齿轮一律按不剖处理；当需要表示轮齿的特征时，可用 3 条与轮齿方向一致的细实线表示。

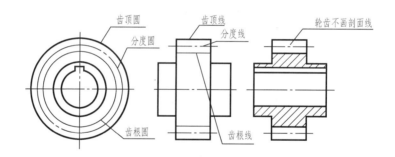

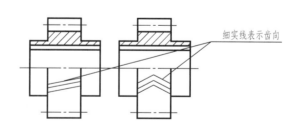

图 8-25　单个齿轮的画法

4. 齿轮啮合的画法

在表示齿轮端面的视图中，啮合区内的齿顶圆均用粗实线绘制，如图 8-26a 所示，也可省略不画，但相切的两分度圆须用点画线画出，两齿根圆省略不画，如图 8-26b 所示。若不作剖视，则啮合区内的齿顶线不必画出，此时分度线用粗实线绘制，如图 8-26c 所示。

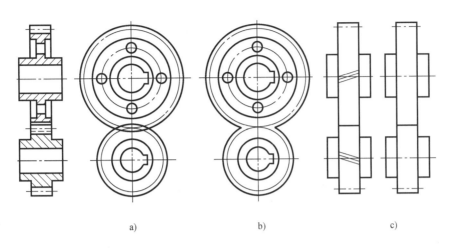

a)　　　　　　　　　　b)　　　　　　　　　　c)

图 8-26　齿轮的啮合画法

课堂讨论：
　　在日常生活中，有哪些机器上采用了齿轮？它们是哪种齿轮？

第四节　弹　簧

一、弹簧概述

　　弹簧是一种常用零件，它的作用是减振、夹紧、测力及储藏能量等。弹簧的特点是当外力去掉后其本身能立即恢复原状。弹簧的种类很多，有螺旋弹簧、涡卷弹簧、板弹簧等，如图 8-27 所示。

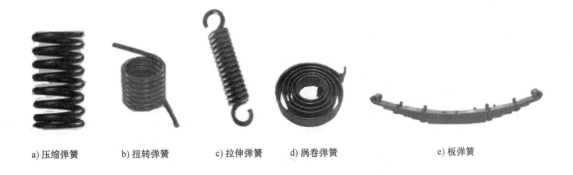

a) 压缩弹簧　　　b) 扭转弹簧　　　c) 拉伸弹簧　　　d) 涡卷弹簧　　　　　　e) 板弹簧

图 8-27　弹簧

　　圆柱螺旋压缩弹簧各部分名称和基本参数见表 8-7。

　　在 GB/T 1805—2001 中对圆柱螺旋压缩弹簧的 d、D、t、H_0、n、L 等尺寸都已作了规定，使用时可查阅该标准。

表 8-7 圆柱螺旋压缩弹簧各部分名称和基本参数

名称	符号	说明	图例
线径	d	制造弹簧用的钢丝直径	
弹簧外径	D_2	弹簧外圈直径	
弹簧内径	D_1	弹簧内圈直径	
弹簧中径	D	$D = D_2 - d = D_1 + d$	
有效圈数	n	为了工作平稳，n 一般不小于 3 圈	
支承圈数	n_0	弹簧两端并紧和磨平（或锻平），仅起支承或固定作用的圈（一般取 1.5、2 或 2.5 圈）	
总圈数	n_1	$n_1 = n + n_0$	
节距	t	弹簧两相邻有效圈上对应点的轴向距离	
自由高度	H_0	弹簧未受负荷时的弹簧高度，$H_0 = nt + (n_0 - 0.5)d$	
展开长度	L	制造弹簧所需钢丝的长度，$L \approx \pi D n_1$	

二、圆柱螺旋压缩弹簧的规定画法

圆柱螺旋压缩弹簧的画法如图 8-28 所示。

1）在平行于螺旋弹簧轴线的投影面视图中，各圈的外轮廓线应画成直线。

2）螺旋弹簧均可画成右旋，但左旋螺旋弹簧不论画成左旋或右旋，必须加注 "LH"。

3）对于螺旋压缩弹簧，如要求两端并紧且磨平时，不论支承圈数多少和末端贴紧情况如何，均按有效圈数是整数、支承圈为 2.5 圈的形式绘制。必要时也可按支承圈的实际结构绘制。

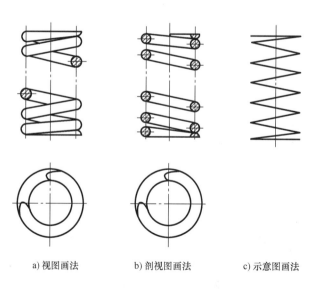

a) 视图画法　　　　b) 剖视图画法　　　　c) 示意图画法

图 8-28　圆柱螺旋压缩弹簧的规定画法

4）当弹簧的有效圈数在 4 圈以上时，可以只画出两端的 1～2 圈（支承圈除外），中间部分省略不画，用通过弹簧钢丝中心的两条点画线表示，并允许适当缩短图形的长度。

三、弹簧在装配图中的规定画法

1）弹簧中间各圈采用省略画法后，弹簧后面被挡住的零件轮廓不必画出，如图 8-29a 所示。

2）当线径在图上小于或等于 2mm 时，可采用示意画法，如图 8-29b 所示；如果是断面，可以涂黑表示，如图 8-29c 所示。

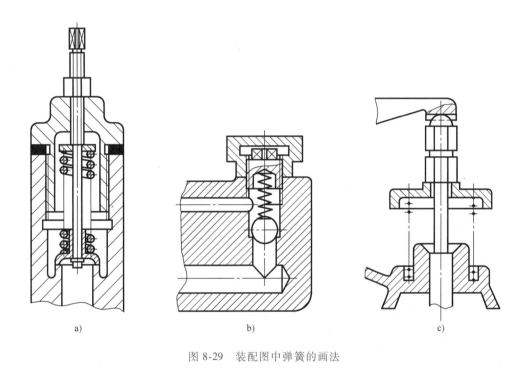

图 8-29　装配图中弹簧的画法

课堂讨论：

在日常生活中，有哪些情况采用了弹簧？它们是哪种弹簧？

第五节　滚 动 轴 承

一、滚动轴承概述

滚动轴承是轴承的一种，是支撑转动轴的部件，它具有摩擦力小、转动灵活、旋转精度高、结构紧凑、维修方便等优点，在生产中被广泛采用。滚动轴承是标准部件，由专门工厂生产，需要时根据要求确定型号选购即可。

滚动轴承的种类很多，但其结构大致相同，通常由外圈、内圈、滚动体（安装在内、外圈的滚道中，如滚珠、圆锥滚子等）和保持架（又称为隔离圈）等零件组成，如图 8-30 所示。

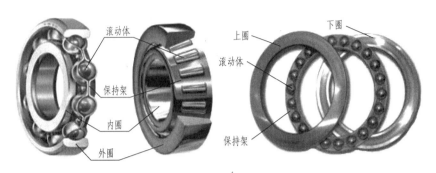

a) 深沟球轴承　　　　b) 圆锥滚子轴承　　　　　c) 单向推力球轴承

图 8-30　滚动轴承

1. 轴承类型代号

轴承类型代号用数字或字母表示，需要时可以查阅有关国家标准。常用滚动轴承的类型、代号及特性见表 8-8。

表 8-8　常用滚动轴承的类型、代号及特性

轴承类型	简图	代号	标准号	特性
调心球轴承		1	GB/T 281—2013	它主要承受径向载荷，也可同时承受少量的双向轴向载荷。外圈滚道为球面，具有自动调心性能，适用于弯曲刚度小的轴
调心滚子轴承		2	GB/T 288—2013	它用于承受径向载荷，其承载能力比调心球轴承大，也能承受少量的双向轴向载荷。它具有调心性能，适用于弯曲刚度小的轴
圆锥滚子轴承		3	GB/T 297—2015	它能承受较大的径向载荷和轴向载荷，内外圈可分离，因此轴承游隙可在安装时调整，通常成对使用，对称安装
双列深沟球轴承		4	—	它主要承受径向载荷，也能承受一定的双向轴向载荷。它比深沟球轴承具有更大的承载能力

（续）

轴承类型		简图	代号	标准号	特性
推力球轴承	单向		5 （5100）	GB/T 28697—2012	它只能承受单向轴向载荷,适用于轴向力大而转速较低的场合
	双向		5 （5200）	GB/T 28697—2012	它可承受双向轴向载荷,常用于轴向载荷大、转速不高的场合
深沟球轴承			6	GB/T 276—2013	它主要承受径向载荷,也可同时承受少量双向轴向载荷;摩擦阻力小,极限转速高,结构简单,价格便宜,应用广泛
角接触球轴承			7	GB/T 292—2007	它能同时承受径向载荷与轴向载荷,接触角 α 有 15°、25° 和 40° 三种,适用于转速较高、同时承受径向和轴向载荷的场合
推力圆柱滚子轴承			8	GB/T 4663—2017	它只能承受单向轴向载荷,承载能力比推力球轴承大得多,不允许轴线偏移,适用于轴向载荷大而不需调心的场合
圆柱滚子轴承	外圈无挡边圆柱滚子轴承		N	GB/T 283—2007	它只能承受径向载荷,不能承受轴向载荷。其承受载荷能力比同尺寸的球轴承大,尤其是承受冲击载荷能力大

2. 尺寸系列代号

为适应不同的工作（受力）情况，轴承在内径相同时有各种不同的外径尺寸，它们构成一定的系列，称为轴承尺寸系列，用数字表示。例如数字"1"和"7"为特轻系列，"2"为轻窄系列，"3"为中窄系列，"4"为重窄系列。

3. 内径代号

内径代号表示滚动轴承的内圈孔径，也是轴承的公称内径，用两位数字表示。

当代号数字为 00、01、02、03 时，分别表示内径 $d=10$、12、15、17（mm）。

当代号数字为 04~99 时，代号数字乘以"5"的值，即为轴承内径（22mm、28mm、33mm 除外）。

4. 滚动轴承标记示例

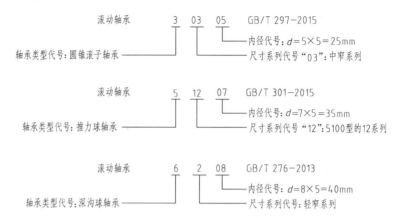

滚动轴承　　　　3　03　05　　GB/T 297—2015

　　　　　　　　　　　　　　　　　└─ 内径代号：$d=5×5=25\text{mm}$
　　　　　　　　　　　　　　└─ 尺寸系列代号"03"：中窄系列
轴承类型代号：圆锥滚子轴承 ─┘

滚动轴承　　　　5　12　07　　GB/T 301—2015

　　　　　　　　　　　　　　　　　└─ 内径代号：$d=7×5=35\text{mm}$
　　　　　　　　　　　　　　└─ 尺寸系列代号"12"：5100型的12系列
轴承类型代号：推力球轴承 ─┘

滚动轴承　　　　6　2　08　　GB/T 276—2013

　　　　　　　　　　　　　　　　　└─ 内径代号：$d=8×5=40\text{mm}$
　　　　　　　　　　　　　　└─ 尺寸系列代号：轻窄系列
轴承类型代号：深沟球轴承 ─┘

二、滚动轴承的画法

1. 简化画法

在剖视图中，用简化画法绘制滚动轴承时，一律不画剖面线。简化画法可采用通用画法或特征画法，但在同一图样中一般只采用其中一种画法。

（1）通用画法　在剖视图中，当不需要确切地表示滚动轴承的外形轮廓、载荷和结构特征时，可采用通用画法绘制，其画法是用矩形线框及位于中央正立的十字形符号表示。

（2）特征画法　在剖视图中，如需较形象地表示滚动轴承的结构特征时，可采用特征画法绘制，其画法是在矩形线框内画出其结构要素符号。

2. 规定画法

在装配图中需要较详细地表达滚动轴承的主要结构时，可采用规定画法。

采用规定画法绘制滚动轴承的剖视图时，轴承的滚动体不画剖面线，其内外圈画成方向与间隔相同的剖面线。规定画法一般绘制在轴的一侧，另一侧按通用画法画出。常用滚动轴承的画法见表8-9。

表8-9　常用滚动轴承的画法

名称	通用画法	特征画法	规定画法
深沟球轴承			

（续）

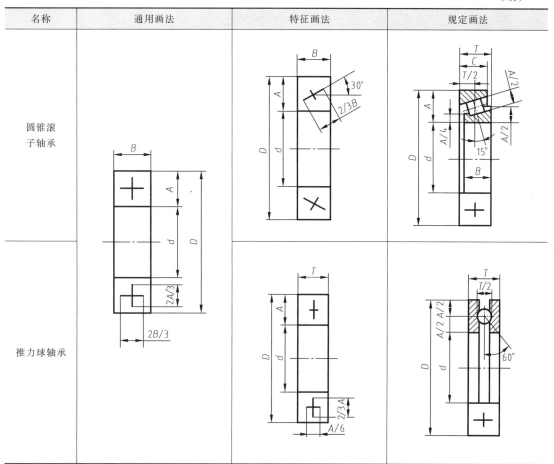

三、滚动轴承类型的选择

滚动轴承类型的选用原则如下：

1. 载荷条件

载荷较大时应选用线接触的滚子轴承。受纯轴向载荷时选用推力轴承；主要承受径向载荷时应选用深沟球轴承；同时承受径向和轴向载荷时应选择角接触球轴承；当轴向载荷比径向载荷大很多时，常用推力轴承和深沟球轴承的组合结构；承受冲击载荷时宜选用滚子轴承。

注意：推力轴承不能承受径向载荷，圆柱滚子轴承不能承受轴向载荷。

2. 转速条件

选择轴承时应注意极限转速。转速较高时，宜用球轴承。

3. 调心性能

轴承装入工作位置后，往往由于制造误差造成安装和定位不良，此时常因轴产生挠度和热膨胀等原因，使轴承受过大的载荷，引起早期的损坏。自动调心轴承可自行克服由安装误差引起的缺陷，因而是适合此类用途的轴承。

4. 经济性

一般球轴承的价格低于滚子轴承。轴承精度越高，价格越高。同精度的轴承，深沟球轴承价格最低。

课堂讨论：

在日常生活中，有哪些情况采用了滚动轴承？它们是哪种滚动轴承？

第九章

零件图的识读与绘制

表达单个零件的图样称为零件图。本章将介绍识读和绘制零件图的基本方法，并简要介绍在零件图上标注尺寸的合理性、零件的加工工艺结构以及极限与配合、几何公差、表面粗糙度等内容。机械图样的识读和绘制是本课程的主要内容，也是学习本课程的最终目的。

第一节　零件图概述

一、零件图的作用

零件图是制造零件和检验零件的依据，是指导生产机器零件的重要技术文件之一。如图9-1所示鸭嘴榔头零件图，有了这张图样就能加工鸭嘴榔头。也可用这张图样进行逐项检

a) 鸭嘴榔头立体图

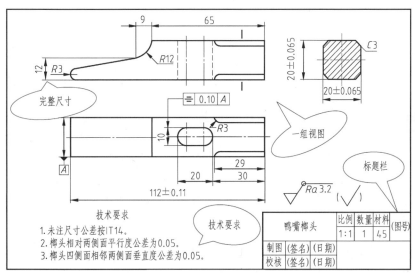

b) 鸭嘴榔头零件图

图 9-1　鸭嘴榔头

查，检验加工的鸭嘴榔头是否合格。

二、零件图的内容

1. 零件

组成机器的最小单元称为零件，零件也是制造的最小单元。一台机器或一个部件，都是由若干个零件按一定的装配关系和技术要求装配起来的。如图 9-2 所示机用虎钳经拆卸而成一个个零件。

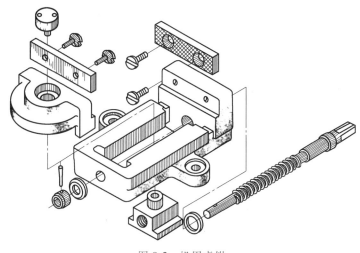

图 9-2　机用虎钳

2. 零件分类

根据零件的作用及其结构，通常将零件分为以下几类：

1）标准件：如螺栓、螺母、垫圈、销等。

2）非标准件（典型零件）：轴套类零件、盘盖类零件、叉架类零件、箱壳类零件，如图 9-3 所示。

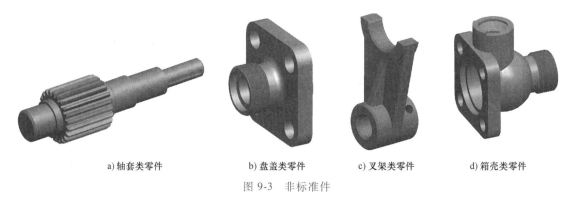

a)轴套类零件　　　　　b)盘盖类零件　　　　c)叉架类零件　　　　d)箱壳类零件

图 9-3　非标准件

3. 零件图

用于表达零件结构、大小与技术要求的图样称为零件图。一张完整的零件图包含 4 部分内容，如图 9-1 所示。

（1）一组视图　选用一定数量、恰当的视图、剖视图、断面图等，完整、清晰地表达出零件结构形状。

图 9-1 所示鸭嘴榔头的零件图就采用了主视图、俯视图和一个移出断面图来表达零件的结构形状。

（2）完整尺寸 正确、完整、清晰、合理地标注出零件制造和检验时所需的全部尺寸。

（3）技术要求 用规定的代号、数字和文字简明地表示出在制造和检验时所应达到的技术要求。

（4）标题栏 填写零件名称、材料、比例、图号、单位名称及设计、审核、批准等有关人员的签字。每个图样都应有标题栏，标题栏的方向一般为看图的方向。

课堂讨论：
　　零件是什么？

第二节　零件结构形状的表达

解决表达零件结构形状的关键是恰当地选择主视图和其他视图，确定一个比较合理的表达方案。

一、主视图的选择

1. 形状特征原则

主视图的投射方向应最能表达零件的形状特征和各组成部分之间的相对位置关系，同时还应考虑合理利用图幅。如图 9-4 所示轴承座的 *A* 向、*B* 向、*C* 向和 *D* 向 4 个投射方向，只有 *A* 向最能表达零件的形状特征和各组成部分之间的相对位置关系，故选 *A* 向作为主视图的投射方向。

2. 工作位置原则

主视图的投射方向应符合零件在机器上的工作位置。对于支架、箱体、泵体、机座等非回转体零件，主视图的摆放位置一般与零件在机器上的工作位置一致。如图 9-5 所示的吊钩，既显示了吊钩的形体特征，又反映了其工作位置。

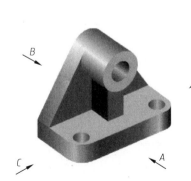

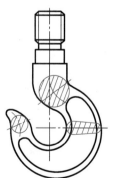

图 9-4　主视图的选择（一）　　　　　　　　　图 9-5　主视图的选择（二）

3. 加工位置原则

主视图的投射方向应尽量与零件主要的加工位置一致。为了使生产时便于看图，主视图的摆放位置应尽量与零件在生产过程中的主要加工位置一致，如图9-6所示，选B向作为主视图的投射方向。

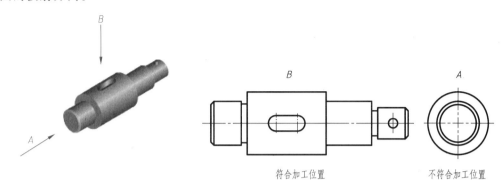

图 9-6　主视图的选择（三）

4. 自然摆放位置

如果零件为运动件，工作位置不固定，或零件的加工工序较多，其加工位置多变，则可将其自然摆放平稳的位置作为画主视图的位置。

总之，主视图的选择应根据具体情况进行分析，从有利于看图出发，在满足形状特征原则的前提下，充分考虑零件的工作位置和加工位置。

二、其他视图的选择

在保证充分表达零件结构形状的前提下，应尽可能使零件的视图数目为最少，使每一个视图都有其表达的重点内容，具有独立存在的意义。

如图9-7所示原本的三个视图是否能将支架的结构形状表达清楚？通过分析，底板形状不确定，必须增加一个补充视图——B向局部视图。

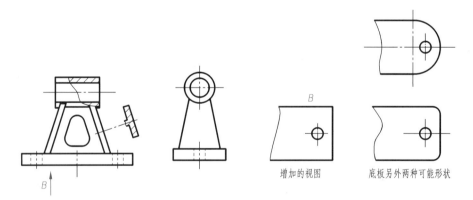

图 9-7　其他视图的选择

课堂讨论：

　　一个零件的主视图确定后，还需要多少个其他视图才能表达清楚？典型零件有哪些？它们都用些什么原则来选择主视图？

第三节　零件上常见的工艺结构

零件的结构和形状除了应能满足使用上的要求外，还应满足制造工艺的要求，即应具有合理的工艺结构。

一、铸造工艺结构

1．起模斜度

用铸造的方法制造零件毛坯时，为了便于在砂型中取出木模，一般沿铸型起模方向做成约 1∶20 的斜度，称为起模斜度，如图 9-8 所示。起模斜度在图中可不画、不注，必要时可在技术要求中说明。

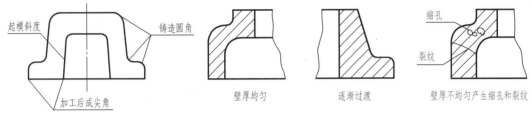

图 9-8　铸造工艺结构

2．铸造圆角

为了便于铸件造型时起模，防止铁液冲坏转角处、冷却时产生缩孔和裂缝，将铸件的转角制成圆角，这种圆角称为铸造圆角，如图 9-8 所示。铸造圆角半径一般取壁厚的 20%～40%，尺寸在技术要求中统一注明。在图上一般不标注铸造圆角，常常集中注写在技术要求中。

3．铸件壁厚

在浇注零件时，为了避免金属液体因冷却速度的不同而产生缩孔或裂纹，铸件的壁厚应保持均匀或逐渐过渡，如图 9-8 所示。

4．过渡线

铸件及锻件两表面相交时，表面交线因圆角而模糊不清，为了方便读图，画图时两表面交线仍按原位置画出，但交线的两端空出不与轮廓线的圆角相交，此交线称为过渡线，如图 9-9 所示。

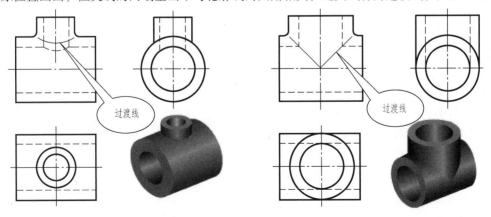

图 9-9　过渡线

二、机械加工工艺结构

1. 倒角和倒圆

为了去除零件加工表面的毛刺、锐边和便于装配，在轴或孔的端部一般加工成45°倒角；为了避免阶梯轴轴肩的根部因应力集中而产生裂纹，在轴肩处加工成圆角过渡，称为倒圆。轴和孔的标准倒角和圆角的尺寸可由相关国家标准查到，其尺寸标注方法如图9-10所示。

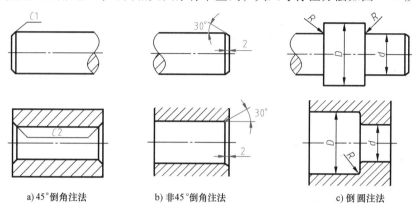

a) 45°倒角注法　　　　b) 非45°倒角注法　　　　c) 倒圆注法

图 9-10　倒角和倒圆标注方法

2. 退刀槽和砂轮越程槽

在切削加工（特别是车螺纹和磨削）中，为了便于退出刀具或使被加工表面被完全加工，常常在零件待加工面的末端加工出退刀槽或砂轮越程槽，其尺寸标注如图9-11所示，还可以"宽度×深度"或"宽度×直径"在宽度处标注。

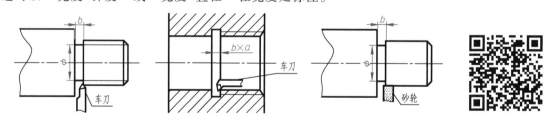

图 9-11　退刀槽和砂轮越程槽标注方法

3. 钻孔结构

用钻头钻不通孔，在底部有一个120°的锥角。钻孔深度是指圆柱部分的深度，不包括锥角部分。在阶梯形钻孔的过渡处，也存在锥角为120°的圆台，如图9-12所示。

对于斜孔、曲面上的孔，为了使钻头与钻孔端面垂直，应制成与钻头垂直的凸台或凹坑，如图9-13所示。

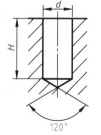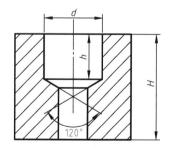

图 9-12　钻孔结构（一）

4. 凸台和凹坑

为了减少加工表面，使接合面接触良好，常在两接触表面处制出凸台和凹坑，其结构和尺寸标注如图 9-14 所示。

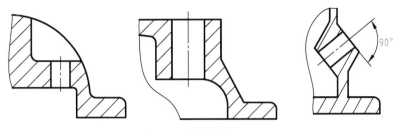

图 9-13　钻孔结构（二）

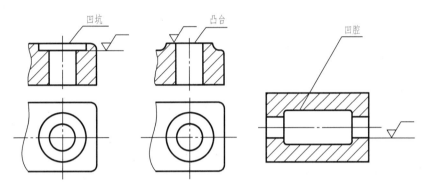

图 9-14　凸台和凹坑

课堂讨论：

　　做起模斜度有用吗？钻孔时做凹坑和凸台有何意义？

第四节　零件图的尺寸标注

　　零件图中的尺寸标注除了满足前面各章的要求外，还要考虑标注尺寸的合理性，本节介绍合理标注尺寸的一些基本知识。

一、合理标注尺寸

　　在零件图上标注尺寸，必须做到：正确、完整、清晰、合理。标注尺寸的合理性，就是要求图样上所标注的尺寸既要符合零件的设计要求，又要符合生产实际，便于加工和测量，并有利于装配。

　　1. 尺寸基准

　　用来作为基准的几何要素有：点、线和面，如图 9-15 所示。

　　尺寸基准的种类：

　　1）设计基准。从设计角度考虑，为满足零件在机器或部件中的结构、性能要求而选定的一些基准称为设计基准，如图 9-16 所示。

　　2）工艺基准。从加工工艺角度考虑，为便于零件的加工、测量而选定的一些基准，称为工艺基准，如图 9-17 所示。

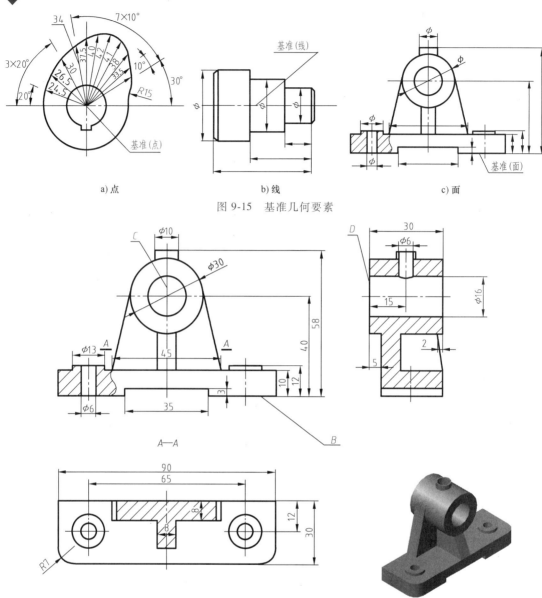

a) 点　　　　　　　　　　b) 线　　　　　　　　　　c) 面

图 9-15　基准几何要素

图 9-16　设计基准

B—高度方向设计基准　　*C*—长度方向设计基准　　*D*—宽度方向设计基准

2. 尺寸基准的选择

（1）选择原则　应尽量使设计基准与工艺基准重合，以减少尺寸误差，保证产品质量。

（2）三方基准　任何一个零件都有长、宽、高三个方向的尺寸，因此，每一个零件也应有三个方向的尺寸基准。

（3）主辅基准　零件的某个方向可能会有两个或两个以上的基准，一般只有一

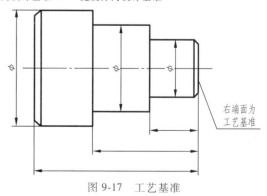

图 9-17　工艺基准

个是主要基准，其他为次要基准，或称为辅助基准。应选择零件上重要几何要素作为主要基准。

二、尺寸标注的注意事项

1. 重要尺寸必须从设计基准直接注出

零件上凡是影响产品性能、工作精度和互换性的重要尺寸（规格尺寸、配合尺寸、安装尺寸、定位尺寸），都必须从设计基准直接注出，如图 9-18 所示。

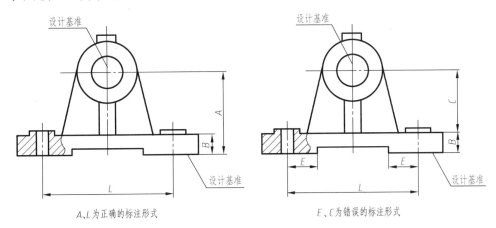

图 9-18　重要尺寸的标注

2. 避免注成封闭尺寸链

封闭尺寸链是指首尾相接并封闭的一组尺寸，如图 9-19a 所示。注成封闭尺寸链，尺寸 C 将受到尺寸 A、B 的影响而难以保证。标注成非封闭尺寸链，将不重要的尺寸 B 去掉，C 将不受尺寸 A 的影响，如图 9-19b 所示。

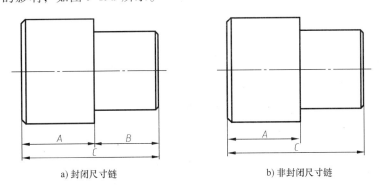

图 9-19　不要标注成封闭尺寸链

3. 标注的尺寸要便于加工和测量

标注的尺寸要便于加工和测量，如图 9-20 所示。

课堂讨论：
　　标注尺寸的基本要求是什么？

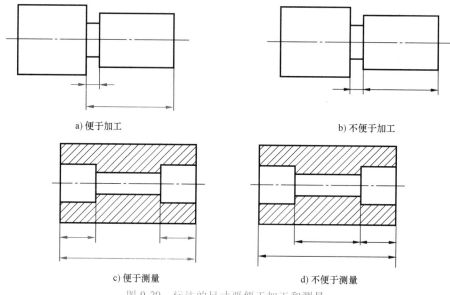

a) 便于加工

b) 不便于加工

c) 便于测量

d) 不便于测量

图 9-20　标注的尺寸要便于加工和测量

第五节　零件图中的技术要求

零件图中的技术要求主要是指零件几何精度方面的要求，如尺寸公差、几何公差、表面粗糙度等，技术要求通常是用符号、代号或标记标注在图形上，或者用简明的文字注写在标题栏附近。

一、极限与配合

1. 极限与配合的概念

（1）互换性　在一批相同的零件中任取一个，不需修配便可装到机器上并能满足使用要求的性质称为互换性。极限与配合是保证零件具有互换性的重要标准。

（2）基本术语　以尺寸 $\phi48\pm0.012$ 为例，如图 9-21 所示。

1）公称尺寸：设计时给定的尺寸，即 $\phi48$mm。

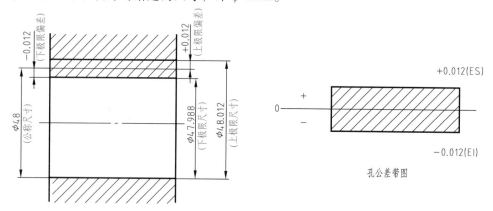

图 9-21　基本术语

2）极限尺寸：允许尺寸变化的极限值，上、下极限尺寸分别为 $\phi 48.012$mm 和 $\phi 47.988$mm。

3）极限偏差：有上极限偏差（+0.012mm）和下极限偏差（-0.012mm）之分，上极限尺寸与公称尺寸的代数差称为上极限偏差；下极限尺寸与公称尺寸的代数差称为下极限偏差。

孔的上极限偏差用 ES 表示，下极限偏差用 EI 表示；轴的上极限偏差用 es 表示，下极限偏差用 ei 表示。尺寸偏差可以是正、负或零值。

4）尺寸公差（简称公差）：尺寸公差是允许尺寸的变动量。

尺寸公差等于上极限尺寸减去下极限尺寸，或上极限偏差减去下极限偏差。尺寸公差总是大于零的正数。

5）公差带：在公差带图解中，用零线表示公称尺寸，上方为正，下方为负。公差带是指由代表上、下极限偏差的两条直线限定的区域，上边代表上极限偏差，下边代表下极限偏差，矩形的长度无实际意义，高度代表尺寸公差。

（3）标准公差与基本偏差　公差带是由标准公差和基本偏差组成的，标准公差决定公差带的高度，基本偏差决定公差带相对于零线的位置。

标准公差是由国家标准规定的公差值，见附表 2。其大小由两个因素决定，一个是公差等级，另一个是公称尺寸。国家标准将公差等级划分为 20 个等级，分别为 IT01、IT0、IT1、IT2、…、IT18，其中 IT01 精度最高，IT18 精度最低。公称尺寸相同时，公差等级越高（数值越小），标准公差也越小；公差等级相同时，公称尺寸越大，标准公差也越大。

基本偏差用以确定公差带相对于零线位置的那个极限偏差，一般为靠近零线的那个偏差。基本偏差有正号和负号。孔与轴的基本偏差代号各有 28 种，用字母或字母组合表示，如图 9-22 所示。孔的基本偏差代号用大写字母表示，轴的基本偏差代号用小写字母表示。

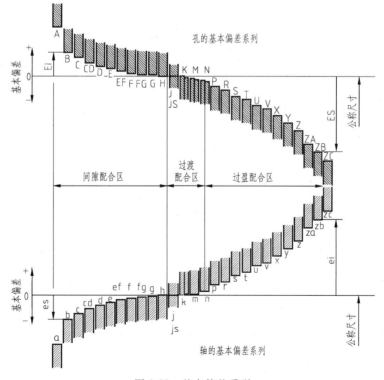

图 9-22　基本偏差系列

一个公差带的代号由表示公差带位置的基本偏差代号和表示公差带大小的公差等级并加上公称尺寸组成。例如：

ϕ48H8 的含义 公称尺寸为 ϕ48，基本偏差为 H 的 8 级孔。

ϕ48f7 的含义 公称尺寸为 ϕ48，基本偏差为 f 的 7 级轴。

（4）配合类别 公称尺寸相同并且相互结合的轴和孔公差带之间的关系称为配合。按配合性质不同，配合可分为间隙配合、过渡配合、过盈配合三类。

1）间隙配合：具有间隙（包括最小间隙等于零）的配合，如图 9-23 所示（孔的公差带在轴的公差带上方）。

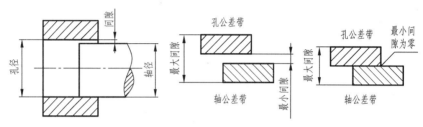

图 9-23 间隙配合

2）过盈配合：具有过盈（包括最小过盈等于零）的配合，如图 9-24 所示（轴的公差带在孔的公差带上方）。

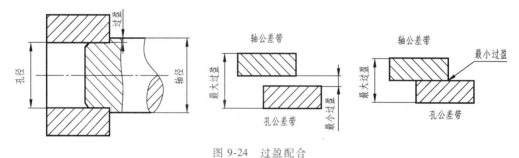

图 9-24 过盈配合

3）过渡配合：可能具有间隙或过盈的配合。此时，轴和孔的公差带相互交叠在一起，如图 9-25 所示。

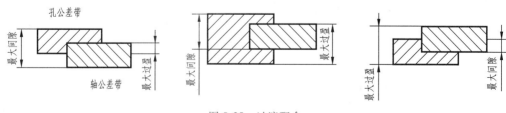

图 9-25 过渡配合

2. 配合制

采用配合制是为了在基本偏差为一定的基准件与配合件相配时，只需改变配合件的不同基本偏差的公差带，便可获得不同松紧程度的配合。国家标准规定了两种配合制，即基孔制和基轴制。

基孔制是基本偏差为一定的孔的公差带，与不同基本偏差的轴的公差带形成各种配合的制度。基孔制配合的孔称为基准孔，其基本偏差代号为 H，下极限偏差为零，即它的下极限尺寸等于公称尺寸，如图 9-26 所示。

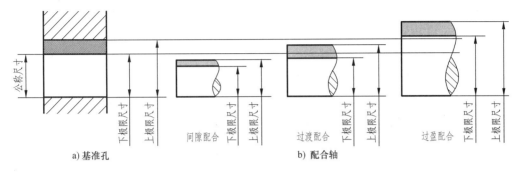

图 9-26　基孔制配合

基轴制是基本偏差为一定的轴的公差带，与不同基本偏差的孔的公差带形成各种配合的制度。基轴制配合的轴称为基准轴，其基本偏差代号为 h，其上极限偏差为零，即它的上极限尺寸等于公称尺寸，如图 9-27 所示。

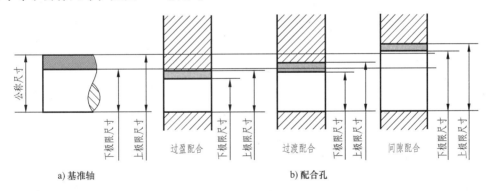

图 9-27　基轴制配合

3. 极限与配合的标注

（1）极限与配合在零件图中的标注　在零件图中，线性尺寸的公差有三种标注形式：一是公称尺寸后面只标注极限偏差；二是公称尺寸后面只标注公差带代号；三是公称尺寸后面既标注公差带代号，又标注极限偏差，但极限偏差值用括号括起来，如图 9-28 所示。

注意问题：

1）上、下极限偏差的字高比尺寸数字小一号，且下极限偏差与尺寸数字在同一水平线上。

2）当公差带相对于公称尺寸对称时，即上、下极限偏差互为相反数时，可采用"±"加极限偏差的绝对值来表示。

3）上、下极限偏差的小数位必须相同、对齐，当上极限偏差或下极限偏差为零时，只用数字"0"标出。

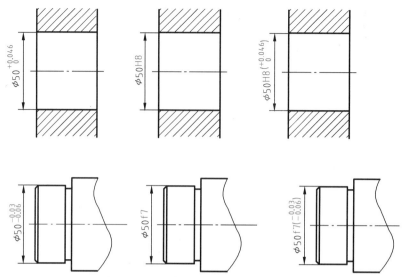

图 9-28 极限与配合在零件图中的标注

（2）极限与配合在装配图中的标注 在装配图中一般只标注配合代号。配合代号用分数形式表示，分子为孔的公差带代号，分母为轴的公差带代号。对于与轴承等标准件相配合的孔或轴，则只标注出非基准件（配合件）的公差带代号，如图 9-29 所示。

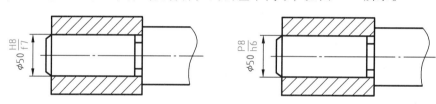

图 9-29 极限与配合在装配图中的标注

（3）极限与配合查表举例

例 9-1：查表确定 ϕ68H8/f7 中轴和孔的极限偏差。

公称尺寸 ϕ68；查表得 ES = 46μm；EI = 0μm；es = −30μm；ei = −60μm。

例 9-2：查表确定 ϕ36N7/h6 中轴、孔的极限偏差，并判断配合性质。

公称尺寸 ϕ36；孔：ϕ36N7；轴：ϕ36h6；查表得 ES = −8μm，EI = −33μm；es = 0μm，ei = −16μm；最大过盈 33μm，最大间隙 8μm，为过渡配合。ϕ36N7/h6 公差带图，如图 9-30 所示。

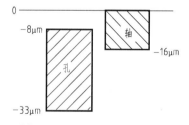

图 9-30 ϕ36N7/h6 公差带图

课堂讨论：
　　公差带图的作用是什么？

二、几何公差

1. 几何公差的概念

零件经过加工后，不仅会产生尺寸误差和表面粗糙度，而且会产生几何误差。几何误差会影响零件的使用性能，因此必须对一些零件的重要表面或轴线的几何误差进行限制。几何误差的允许变动量称为**几何公差**。

2．几何公差的标注

在技术图样中，几何公差采用代号标注，当无法采用代号时，允许在技术要求中用文字说明。几何公差的几何特征及符号，见表 9-1。

表 9-1 几何公差的几何特征及符号

公差类型	几何特征	符号	有无基准	公差类型	几何特征	符号	有无基准
形状公差	直线度	——	无	位置公差	位置度	⌖	有或无
	平面度	▱	无		同轴度（用于中心点）	◎	有
	圆度	○	无		同轴度（用于轴线）	◎	有
	圆柱度	⌭	无		对称度	═	有
	线轮廓度	⌒	无		线轮廓度	⌒	有
	面轮廓度	⌓	无		面轮廓度	⌓	有
方向公差	平行度	∥	有	跳动公差	圆跳动	↗	有
	垂直度	⊥	有				
	倾斜度	∠	有		全跳动	⌰	有
	线轮廓度	⌒	有				
	面轮廓度	⌓	有				

几何公差代号由几何公差符号、框格、公差值、被测要素、基准要素代号和其他有关符号组成，如图 9-31 所示。

（1）被测要素的标注 被测要素指图样上给出几何公差要求的要素，是被检测的对象。被测要素为轮廓要素的标注，如图 9-32 所示。

被测要素为中心要素的标注，如图 9-33 所示。

（2）基准要素的标注

1）基准要素：用来确定被测要素方向或位置的要素。图样上一般用基准代号标出。

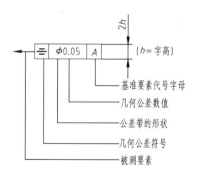

图 9-31 几何公差代号的组成

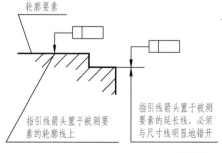
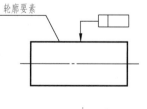
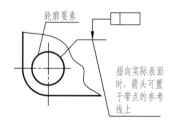

图 9-32 被测要素为轮廓要素的标注

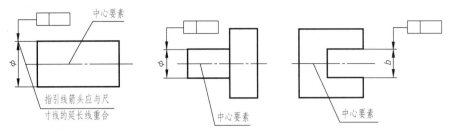

图 9-33　被测要素为中心要素的标注

2）基准代号：由基准符号、基准方框、连线和代表基准的字母组成。基准代号画法如图 9-34 所示。

3）基准要素为轮廓要素的标注，如图 9-35 所示。

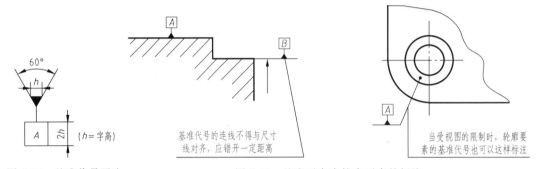

图 9-34　基准代号画法　　　　　　图 9-35　基准要素为轮廓要素的标注

4）基准要素为中心要素的标注，如图 9-36 所示。

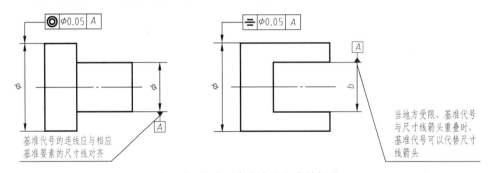

图 9-36　基准要素为中心要素的标注

5）几何公差的标注示例及其含义见表 9-2。

表 9-2　几何公差的标注示例及其含义

项目	示　例	含　义
直线度		直线度公差是距离为 0.02mm 的两平行平面间的区域

（续）

项目	示　　例	含　　义
直线度	 	直线度公差是直径为 0.03mm 的圆柱面内的区域
平面度	 	平面度公差是距离为 0.03mm 的两平行平面间的区域
圆度	 	圆度公差是垂直于轴线的任一正截面上半径差为 0.02mm 的两同心圆间的区域
圆柱度	 	圆柱度公差是半径差为 0.03mm 的两同轴圆柱面之间的区域
平行度	 	平行度公差是距离为 0.05mm，且平行于基准轴线的两平行平面之间的区域
	  	平行度公差是直径为 0.05mm，且平行于基准轴线的圆柱面内的区域

（续）

项目	示 例	含 义
垂直度	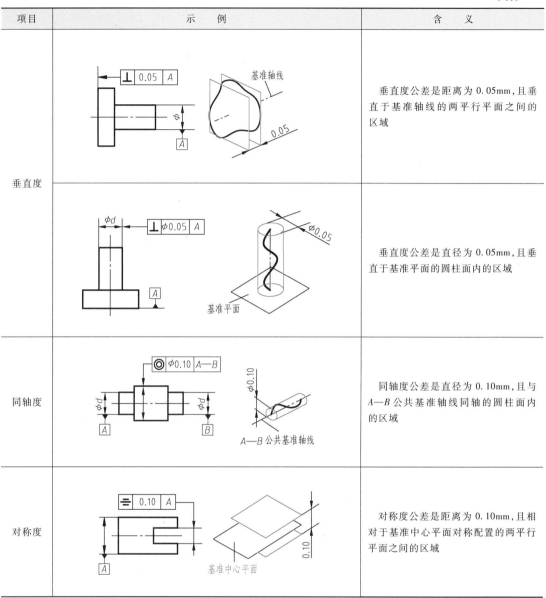	垂直度公差是距离为 0.05mm，且垂直于基准轴线的两平行平面之间的区域
		垂直度公差是直径为 0.05mm，且垂直于基准平面的圆柱面内的区域
同轴度		同轴度公差是直径为 0.10mm，且与 A—B 公共基准轴线同轴的圆柱面内的区域
对称度		对称度公差是距离为 0.10mm，且相对于基准中心平面对称配置的两平行平面之间的区域

例 9-3：识读如图 9-37 所示齿轮图上标注的几何公差并解释含义。

图中：

（1）表示 $\phi88$ 圆柱面的圆度公差为 0.006mm。

（2）表示 $\phi88h9$ 圆柱的外圆表面对 $\phi24H7$ 圆柱孔轴线的全跳动公差为 0.08mm。

（3）表示槽宽为 8P9 的键槽对称中心面与 $\phi24H7$ 圆柱孔的对称中心面对称度公差为 0.02mm。

（4）表示 $\phi24H7$ 圆柱孔轴线的直线度公差为 $\phi0.01$mm。

（5）表示圆柱的右端面对该机件的左端面平行度公差为 0.08mm。

（6）表示右端面对 $\phi24H7$ 圆柱孔的轴线垂直度公差为 0.05mm。

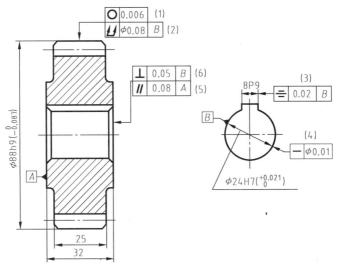

图 9-37 识别几何公差

课堂讨论：

对于两个或两个以上要素组成的公共基准该怎么标注？

三、表面粗糙度

1. 表面粗糙度的概念

零件加工时，由于切削变形和机床振动等因素的影响，使零件的实际加工表面存在着微观的高低不平现象，这种微观的高低不平程度称为表面粗糙度。表面粗糙度对零件的配合性质、疲劳强度、耐蚀性、密封性等影响较大。

2. 表面粗糙度的评定参数

国家标准（GB/T 131—2006）规定了两种表面粗糙度表示法，包括轮廓算术平均偏差 Ra、轮廓的最大高度 Rz。

（1）轮廓算术平均偏差（Ra） 在一个取样长度内，轮廓偏距绝对值的算术平均值即为轮廓算术平均偏差。

（2）轮廓的最大高度（Rz） 在一个取样长度内，最大轮廓峰高与最大轮廓谷深之间的距离。

3. 表面粗糙度符号的画法和注写位置

为了明确表面结构要求，除了标注表面结构参数和数值外，必要时应标注补充要求，包括传输带、取样长度、加工工艺、表面纹理及方向、加工余量等。这些要求在图形符号中的注写位置如图 9-38 所示。

其中位置 a 注写第一表面结构要求；位置 b 注写第二表面结构要求；位置 c 注写加工方法，如"车""磨""镀"等；位置 d 注写表面纹理方向，如"="" x ""M"等；位置 e 注写加工余量。

4. 表面粗糙度代号的示例及含义

表面粗糙度代号的示例及含义见表 9-3。

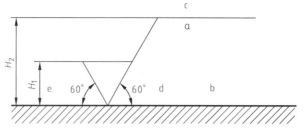

$H_1 = 3.5\text{mm}$
$H_2 = 7\text{mm}$

图 9-38　表面粗糙度符号的画法和注写位置

表 9-3　表面粗糙度代号的示例及含义

序号	代号示例	含义/解释	补充说明
1	$Ra\ 0.8$	表示不允许去除材料,单向上限值,默认传输带,R 轮廓,算术平均偏差值为 0.8μm,评定长度为 5 个取样长度(默认),16% 规则(默认)	参数代号与极限值之间应留空格。本例未标注传输带,应理解为默认传输带,此时取样长度可在 GB/T 10610 和 GB/T 6062 中查取
2	$Rz\ max\ 0.2$	表示去除材料,单向上限值,默认传输带,R 轮廓,轮廓最大高度的最大值为 0.2μm,评定长度为 5 个取样长度(默认),最大规则	示例 1~4 均为单向极限要求,且均为单向上限值,则均可不加注"U";若为单向下限值,则应加注"L"
3	$0.008-0.8/Ra\ 3.2$	表示去除材料,单向上限值,传输带 0.008-0.8mm,R 轮廓,算术平均偏差值为 3.2μm,评定长度为 5 个取样长度(默认),16% 规则(默认)	传输带"0.008-0.8mm"中的前后数值分别为短波和长波滤波器的截止波长(λs 和 λc),以示波长范围,此时取样长度等于 λc,即 $lr = 0.8$mm
4	$-0.8/Ra\ 3\ 3.2$	表示去除材料,单向上限值,传输带 0.0025-0.8mm,R 轮廓,算术平均偏差值为 3.2μm,评定长度包含 3 个取样长度,16% 规则(默认)	传输带仅注出一个截止波长值(本例 0.8 表示 λc 值)时,另一截止波长值 λs 应理解为默认值,由 GB/T 6062 查得 $\lambda s = 0.0025$mm
5	$U\ Ra\ max\ 3.2$ $L\ Ra\ 0.8$	表示不允许去除材料,双向极限值,两极限值均使用默认传输带,R 轮廓。上限值:算术平均偏差值为 3.2μm,评定长度为 5 个取样长度(默认),最大规则;下限值:算术平均偏差值为 0.8μm,评定长度为 5 个取样长度(默认),16% 规则(默认)	本例为双向极限要求,用"U"和"L"分别表示上限值和下限值,在不引起歧义时,可不加注"U""L"

5. 表面粗糙度的标注

1)当图样中某个视图上构成封闭轮廓的各表面有相同的表面结构要求时,在完整图形符号上加一圆圈,标注在封闭轮廓上,如图 9-39 所示。

2)表面结构要求对每一表面一般只注一次,并尽可能注在相应的尺寸及其公差的统一视图上。除非另有说明,所标注的表面结构要求是对完工零件表面的要求。

3)表面结构的注写和读取方向与尺寸的注写和读取方向一致。表面结构要求可标注在轮廓线上,其符号应从材料外指向接触表面,如图 9-40a 所示。必要时,表面结构也可用带箭头或黑点指引线引出标注,如图 9-40b 所示。

4)在不致引起误解时,表面结构要求可以标注在给定的尺寸线上,如图 9-41a 所示。

5）表面结构要求可标注在几何公差框格的上方，如图 9-41b 所示。

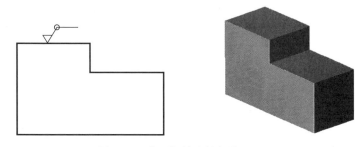

图 9-39 表面粗糙度的标注（一）

注：图示的表面结构符号是指对图形中封闭轮廓的 6 个面的共同要求（不包括前后面）。

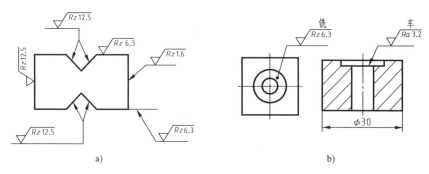

图 9-40 表面粗糙度的标注（二）

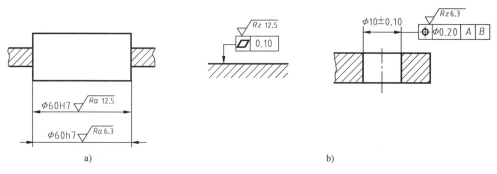

图 9-41 表面粗糙度的标注（三）

6）圆柱和棱柱的表面结构要求只标注一次，如图 9-42a 所示。如果每个棱柱表面有不同的表面结构要求，则应分别单独标注，如图 9-42b 所示。

7）表面结构要求在图样中的简化注法。

① 有相同表面结构要求的简化注法：如果在工件的多数（包括全部）表面有相同的表面结构要求时，则其表面结构要求可统一标注在图样的标题栏附近（不同的表面结构要求应直接标注在图形中）。此时，表面结构要求的符号后面应有：

a）在圆括号内给出无任何其他标注的基本符号，如图 9-43a 所示。

b）在圆括号内给出不同的表面结构要求，如图 9-43b 所示。

② 多个表面有共同表面结构要求的注法：

a）用带字母的完整符号的简化注法，如图 9-44 所示。用带字母的完整符号以等式的形式，在图形或标题栏附近对有相同表面结构要求的表面进行简化标注。

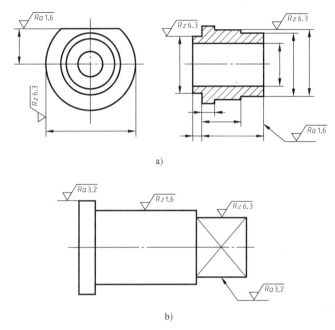

a)

b)

图 9-42　表面粗糙度的标注（四）

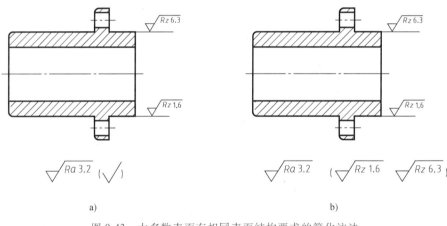

a)　　　　　　　　　　　　　　　　b)

图 9-43　大多数表面有相同表面结构要求的简化注法

图 9-44　在图纸空间有限时的简化标注法

b）只用表面结构符号的简化注法，如图 9-45 所示。用表面结构符号以等式的形式给出多个表面共同的表面结构要求。

6. 表面粗糙度的选择

选择表面粗糙度时一般应遵从以下原则：

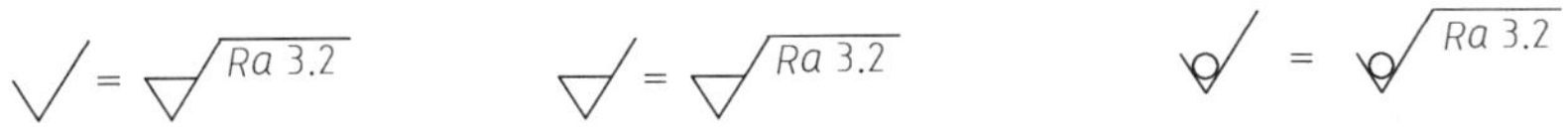

a) 未指定工艺方法　　　　　b) 要求去除材料　　　　　c) 不允许去除材料

图 9-45　多个表面结构要求的简化注法

1）同一零件上，工作表面比非工作表面的参数值小。

2）有相对运动的摩擦表面要比非摩擦表面的参数值小。

3）配合精度越高，参数值越小。

4）配合性质相同时，零件尺寸越小，参数值越小。

5）要求密封、具有耐蚀性或装饰性的表面，参数值要小。

常用表面粗糙度 Ra 的数值与加工方法见表 9-4。

表 9-4　常用表面粗糙度 Ra 的数值与加工方法

表面特征	表面粗糙度(Ra)数值			加工方法举例
明显可见刀痕	$\sqrt{Ra\,100}$	$\sqrt{Ra\,50}$	$\sqrt{Ra\,25}$	粗车、粗刨、粗铣、钻孔
微见刀痕	$\sqrt{Ra\,12.5}$	$\sqrt{Ra\,6.3}$	$\sqrt{Ra\,3.2}$	精车、精刨、精铣、粗铰、粗磨
看不见加工痕迹，微辨加工方向	$\sqrt{Ra\,1.6}$	$\sqrt{Ra\,0.8}$	$\sqrt{Ra\,0.4}$	精车、精磨、精铰、研磨
暗光泽面	$\sqrt{Ra\,0.2}$	$\sqrt{Ra\,0.1}$	$\sqrt{Ra\,0.05}$	研磨、珩磨、超精磨

课堂讨论：

　　表面粗糙度的标注需注意些什么？

四、尺寸公差、形状公差、位置公差和表面粗糙度之间的关系

1. 形状公差与尺寸公差之间的数值关系

当尺寸公差确定后，形状公差有一个适当的数值相对应，即一般约以尺寸公差值的 50%作为形状公差值；仪表行业约以尺寸公差值的 20%作为形状公差值；重型行业约以尺寸公差值的 70%作为形状公差值。由此可见，尺寸公差精度越高，形状公差占尺寸公差比例越小。所以，在设计标注尺寸和形状公差要求时，除特殊情况外，当尺寸公差确定后，一般以尺寸公差值的 50%作为形状公差值，这既有利于制造也有利于确保质量。

2. 形状公差与位置公差之间的数值关系

形状公差与位置公差间也存在着一定的关系。从误差的形成原因看，形状误差是由机床振动、刀具振动、主轴跳动等原因造成的；而位置误差则是由于机床导轨的不平行，工具装夹不平行或不垂直、夹紧力作用等原因造成的。再从公差带定义看，位置误差是含被测表面的形状误差的，如平行度误差中就含有平面度误差，故位置误差比形状误差要大得多。因

此，在无进一步要求的一般情况下时，给了位置公差，就不再给形状公差。当有特殊要求时，可同时标注形状和位置公差要求，但标注的形状公差值应小于所标注的位置公差值，否则，生产时无法按设计要求制造零件。

3. 形状公差与表面粗糙度之间的数值关系

形状误差与表面粗糙度之间在数值和测量方法尽管没有直接联系，但在一定的加工条件下两者也存在着一定的比例关系。据试验研究，在一般精度时，表面粗糙度占形状公差的 $1/5 \sim 1/4$。由此可知，为确保形状公差，应适当限制相应的表面粗糙度值。

在一般情况下，尺寸公差、形状公差、位置公差、表面粗糙度之间的公差值具有下述关系式：尺寸公差>位置公差>形状公差>表面粗糙度值。

从尺寸公差、形状公差、位置公差与表面粗糙度的数值关系式不难看出，设计时要协调处理好它们之间的数值关系，在图样上标注公差值时应遵循：给定同一表面的表面粗糙度值应小于其形状公差值；而形状公差值应小于其位置公差值；位置公差值应小于其尺寸公差值；否则，会给制造带来种种麻烦。

一般情况下按以下关系确定：

1）形状公差为尺寸公差的 60%（中等相对几何精度）时，$Ra \leqslant 0.05IT$。

2）形状公差为尺寸公差的 40%（较高相对几何精度）时，$Ra \leqslant 0.025IT$。

3）形状公差为尺寸公差的 25%（高相对几何精度）时，$Ra \leqslant 0.012IT$。

4）形状公差小于尺寸公差的 25%（超高相对几何精度）时，$Ra \leqslant 0.15Tf$（形状公差值）。

最简单的参考值：尺寸公差是表面粗糙度值的 $3 \sim 4$ 倍，这样最为经济。

第六节　识读零件图

识读零件图的目的就是根据零件图想象零件的结构形状，了解零件的尺寸和技术要求。为了更好地读懂零件图，最好能联系零件在机器或部件中的位置、功能以及与其他零件的关系来读图。

一、识读零件图的方法和步骤

1. 概括了解

从标题栏内了解零件的名称、材料、比例等，并浏览视图，初步得出零件的用途和形体概况。

2. 详细分析

（1）分析表达方案　分析视图布局，找出主视图、其他基本视图和辅助视图。根据剖视图、断面的剖切方法、位置，分析剖视图、断面的表达目的和作用。

（2）分析形体、想象出零件的结构形状　先从主视图出发，联系其他视图进行分析。用形体分析法分析零件各部分的结构形状，对于难看懂的结构运用线面分析法分析，最后想象出整个零件的结构形状。分析时若能结合零件结构功能来进行，会使分析更加容易。

（3）分析尺寸　先找出零件长、宽、高三个方向的尺寸基准，然后从基准出发，找出主要尺寸；再用形体分析法找出各部分的定形尺寸和定位尺寸。在分析中要注意检查是否有多余和遗漏的尺寸、尺寸是否符合设计和工艺要求。

（4）分析技术要求　分析零件的尺寸公差、几何公差、表面粗糙度和其他技术要求，弄清哪些尺寸要求高，哪些尺寸要求低，哪些表面质量要求高，哪些表面质量要求低，哪些表面不加工，以便进一步考虑相应的加工方法。

3. 归纳总结

综合前面的分析，把图形、尺寸和技术要求等全面系统地联系起来思索，并参阅相关资料，得出零件的整体结构、尺寸、技术要求及零件的作用等完整的概念。

识读零件图的方法没有一套固定不变的程序，对于较简单的零件图，也许直接识读就能想象出物体的形状，明确其精度要求；而对于较复杂的零件，则需通过深入的分析，由整体到局部，再由局部到整体反复地推敲，最后才能搞清楚其结构和精度要求。下面以四大典型零件为例来说明各类零件图的识读方法和步骤。

二、典型零件图的识读

总体上可将零件大致分为轴套类零件、盘盖类零件、叉架类零件和箱壳类零件四大类典型零件。

1. 轴套类零件

识读轴套类零件要把握的要点，见表 9-5。

表 9-5　轴套类零件的特点

结构特点	通常由几段不同直径的同轴回转体组成，轴向尺寸一般比径向尺寸大。常有键槽、退刀槽、砂轮越程槽、中心孔、销孔，以及轴肩、螺纹等结构
加工方法	毛坯一般用棒料，主要加工方法是车削、镗削和磨削
视图表达	主视图按加工位置放置，多采用不剖或局部剖视图表达。对于轴上的沟槽、孔洞采用移出断面或局部放大图
尺寸标注	以回转轴作为径向（高度、宽度方向）尺寸基准，轴向（长度方向）的主要尺寸基准是重要端面。主要尺寸直接注出，其余尺寸按加工顺序标注
技术要求	有配合要求的表面，其表面粗糙度值较小；有配合要求的轴颈、主要端面，一般有几何公差要求

例 9-4：识读心轴零件图如图 9-46 所示。

（1）概括了解　从标题栏可知，该零件为心轴。心轴只承受弯矩而不传递扭矩，心轴又可分为转动心轴和固定心轴。其材料为 45 钢，属于轴类零件，最大直径 36mm，总长 105mm，属于尺寸较小的零件。

（2）详细分析

1）分析表达方案和形体结构：表达方案只采用了一个主视图。主视图已将心轴的结构表达清楚，该心轴由 7 段不同直径的回转体组成，最大一段的直径为 36mm，长度为 22mm 的那段轴有锥度（直径从 30mm 变成 32mm），零件两端有倒角。

2）分析尺寸：心轴中两个 $\phi25h9$ 轴段用来安装滚动轴承，径向尺寸的基准为心轴的轴线。心轴的右端面为长度方向的主要尺寸基准，注出了尺寸 17、10、22、6 和 105。心轴的左端面为长度方向的辅助尺寸基准，注出了尺寸 20 和 5。

3）分析技术要求：两个 $\phi25h9$ 及 $\phi36h9$ 的轴颈处有配合要求，尺寸精度较高，均为 9 级公差，相应的表面粗糙度值要求也较小，值为 $Ra1.6\mu m$。对 $\phi36h9$ 轴段还提出了几何

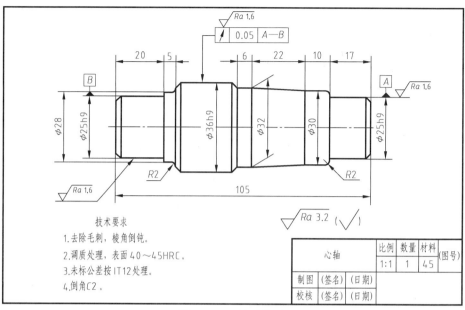

图 9-46 心轴零件图

（圆跳动）公差要求：对热处理、倒角、未注尺寸公差等提出了 3 项文字说明要求。

（3）归纳总结 通过上述看图分析，对心轴的作用、结构形状、尺寸、主要加工方法及加工中的主要技术指标要求都有了较清楚的认识。综合起来，即可得出心轴立体图，如图 9-47 所示。

图 9-47 心轴立体图

2. 盘盖类零件

识读盘盖类零件要把握的要点，见表 9-6。

表 9-6 盘盖类零件的特点

结构特点	主要部分常由回转体组成，也可能是方形或组合形体。零件通常有键槽、轮辐、均布孔等结构，并且常有一个端面与部件中的其他零件接合
加工方法	毛坯多为铸件，主要在车床上加工，较薄时采用刨床或铣床加工
视图表达	一般采用两个基本视图来表达。主视图按照加工位置原则，轴线水平放置（对于不以车削为主的零件则按工作位置或形状特征选择主视图），通常采用全剖视图表达内部结构；另一个视图表达外形轮廓和其他结构，如孔、肋、轮辐的相对位置；用局部视图、局部剖视、断面图、局部放大图等作为补充
尺寸标注	径向（高度、宽度方向）尺寸基准主要是回转轴线，轴向（长度方向）尺寸基准则是主要接合面。对于圆或圆弧形盘盖类零件上的均布孔，一般采用"n（数量）$\times \phi m$（尺寸）EQS"的形式标注，角度定位尺寸可省略
技术要求	重要的轴、孔和端面其尺寸精度要求较高，且一般都有几何公差要求，如同轴度、垂直度、平行度和轴向圆跳动公差等。配合的内、外表面及轴向定位端面有较高的表面质量要求。材料多数为铸件，有人工时效处理和表面处理等要求

例 9-5：识读法兰盘零件图，如图 9-48 所示。

（1）概括了解 由标题栏可知，该零件为法兰盘，材料为 Q235A。

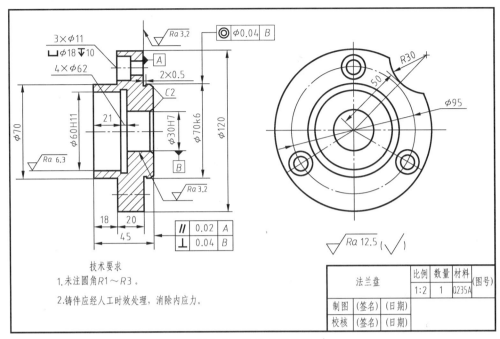

图 9-48 法兰盘零件图

（2）详细分析

1）分析表达方案和形体结构：法兰盘的主视图采用全剖视图，表达了安装沉孔、砂轮越程槽与中心通孔的形状及其相对位置。主视图的安放既符合主要加工位置，也符合法兰盘在部件中的工作位置。左视图表达了法兰盘定位缺口的位置和 3 个均布的安装通孔。

2）分析尺寸：多数盘盖类零件的主体部分是回转体，所以通常以轴孔的轴线作为径向尺寸基准，此例也不例外，也是圆形凸缘高度、宽度方向的尺寸基准，由此注出法兰盘各部分径向尺寸。其中注有尺寸公差的有 $\phi60H11$、$\phi30H7$ 和 $\phi70k6$，表明这三部分与有关零件有配合要求。以法兰盘左端面作为长度方向的尺寸基准，由此注出 18、20 和 45。

3）分析技术要求：法兰盘是铸件，须进行人工时效处理，以消除内应力。视图中有小圆角（铸造圆角 $R1 \sim R3$）过渡的表面为不加工表面。法兰盘 $\phi70k6$ 凸缘与法兰盘 $\phi120$ 圆柱面有同轴度要求，公差为 $\phi0.04mm$。另外，法兰盘右端面还有平行度和垂直度要求。

（3）归纳总结 通过上述看图分析，对法兰盘的作用、结构形状、尺寸、主要加工方法及加工中的主要技术指标要求，都有了较清楚的认识。综合起来，即可得出法兰盘的立体图，如图 9-49 所示。

图 9-49 法兰盘立体图

3. 叉架类零件

识读叉架类零件要把握的要点，见表 9-7。

表 9-7　叉架类零件的特点

结构特点	叉架类零件通常由工作部分、支承(或安装)部分及连接部分组成,形状比较复杂且不规则。零件上常有叉形结构、肋板和孔、槽等
加工方法	毛坯多为铸件或锻件,经车削、镗削、铣削、刨削、钻孔等多种工序加工而成
视图表达	一般需要两个以上基本视图来表达,通常以工作位置为主视图,反映主要形状特征。连接部分和细部结构采用局部剖视图或斜视图,并用剖视图、断面图、局部放大图表达局部结构
尺寸标注	尺寸标注比较复杂,各部分的形状和相对位置的尺寸要直接标注。尺寸基准常选择安装基面、对称平面、孔的中心线和轴线。定位尺寸较多,往往还有角度尺寸。为了便于制作木模,一般采用形体分析法标注定形尺寸
技术要求	支承部分、运动配合面及安装面,均有较严格的尺寸公差、几何公差和表面粗糙度值等要求

例 9-6：识读拨叉零件图，如图 9-50 所示。

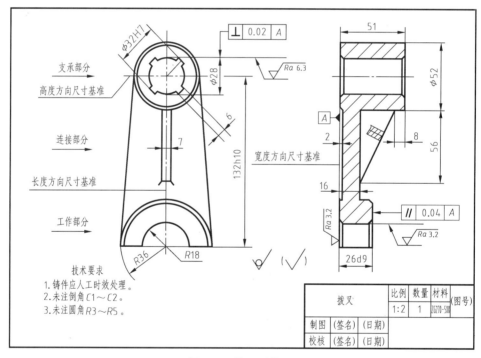

图 9-50　拨叉零件图

（1）概括了解　由标题栏可知，该零件为拨叉。拨叉主要用在机床或内燃机等各种机器的操纵机构上，用于操纵机器或调节速度等。它由支承部分、工作部分和连接部分三部分组成，材料为 ZG270-500，比例为 1：2。

（2）详细分析

1）分析表达方案和形体结构：本例由主视图、全剖左视图和一个重合断面图组成，主视图的安放符合工作位置原则，表达了支承部分的内部形状（内花键），左视图表达了连接部分、工作部分及支承部分（花键）的内部形状。重合断面图表达了肋板的形状。

2）分析尺寸：该拨叉以花键的轴线所在水平面为高度方向尺寸基准，以拨叉左、右对称中心面为长度方向尺寸基准，以拨叉后端面为宽度方向尺寸基准。

3）分析技术要求：拨叉是铸件，须进行人工时效处理，以消除内应力。视图中有小圆角（铸造圆角 $R1 \sim R3$）过渡的表面为不加工表面。注有公差的尺寸 132h10、ϕ32H7 和 26d9 有配合要求。

（3）归纳总结　通过上述看图分析，对拨叉的作用、结构形状、尺寸、主要加工方法及加工中的主要技术指标要求，都有了较清楚的认识。综合起来，即可得出拨叉立体图，如图 9-51 所示。

图 9-51　拨叉立体图

4. 箱壳类零件

识读箱壳类零件要把握的要点，见表 9-8。

表 9-8　箱壳类零件的特点

结构特点	箱壳类零件主要起包容、支承其他零件的作用，常有内腔、轴承孔、凸台、肋、安装板、光孔、螺纹孔等结构
加工方法	毛坯多为铸件，主要在铣床、刨床、钻床上加工
视图表达	一般需要两个以上基本视图来表达，主视图反映形状特征和工作位置，采用通过主要支承孔轴线的剖视图表达其内部形状结构，局部结构常用局部视图、局部剖视图、断面图等表达
尺寸标注	长、宽、高三个方向的主要尺寸基准通常选用轴孔中心线、对称平面、接合面和较大的加工平面。定位尺寸较多，各孔的中心线（或轴线）之间的距离、轴承孔轴线与安装面的距离应直接注出
技术要求	箱壳类零件轴孔、接合面及重要表面，在尺寸精度、表面粗糙度值和几何公差等方面有较严格的要求。常有保证铸造质量的要求，如进行人工时效处理，不允许有砂眼、裂纹等

例 9-7：识读齿轮泵体零件图，如图 9-52 所示。

（1）概括了解　由标题栏可知，该零件为齿轮泵体。齿轮泵体是齿轮泵中主要零件之一，材料选用 ZG230-450。比例为 1：1，其内、外表面均有一部分需要进行切削加工，加工前需做人工时效处理。

（2）详细分析

1）分析表达方案和形体结构：本例由一个局部剖主视图、一个全剖左视图和一个向视图组成，主视图的安放符合工作位置原则，表达了 2 个齿轮安装孔、2 个泵体安装螺栓孔、6 个泵盖螺钉孔的内部形状及相对位置，左视图表达了 6 个泵盖螺钉孔的深度及齿轮泵体各部分的厚度，向视图表达了齿轮泵体底部的形状。

2）分析尺寸：该齿轮泵体以左、右对称面为长度方向的主要尺寸基准，以前、后对称面为宽度方向的尺寸基准，以两个 G3/8 的轴线为高度方向的主要尺寸基准。

3）分析技术要求：齿轮泵体中比较重要的尺寸均标注极限偏差，与此对应的表面粗糙度值要求也较小，零件上不太重要的加工表面的表面粗糙度值就要大些。左视图中对齿轮泵体也做了几何公差要求：前、后安装面的平行度公差为 0.015mm，与两个 G3/8 的轴线垂直度公差为 0.015mm。视图中有小圆角（铸造圆角 $R3$）。注有尺寸公差的一般都有配合要求。

（3）归纳总结　通过上述看图分析，对齿轮泵体的作用、结构形状、尺寸、主要加工方法及加工中的主要技术指标要求，都有了较清楚的认识。综合起来，即可得出齿轮泵体立体图，如图 9-53 所示。

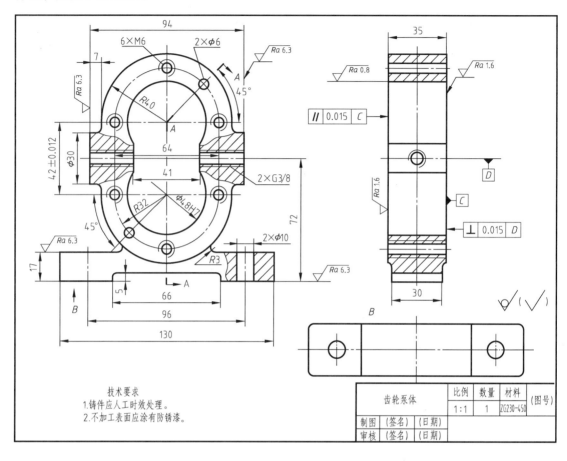

技术要求
1.铸件应人工时效处理。
2.不加工表面应涂有防锈漆。

齿轮泵体		比例	数量	材料	（图号）
		1:1	1	ZG230-450	
制图	（签名）（日期）				
审核	（签名）（日期）				

图 9-52　齿轮泵体零件图

图 9-53　齿轮泵体立体图

课堂讨论：
　典型零件有哪些？它们都有哪些特点？

第十章

装配图的识读与绘制

装配图是用来表示机器或部件的图样。表示一台完整机器的图样，称为总装配图；表示一个部件的图样，称为部件装配图。

第一节　装配图概述

一、装配图的作用

装配图是表示机器或部件中零件间的相对位置、连接方式及装配关系的图样。在设计过程中，一般是先根据设计画出装配图，再由装配图拆画零件图。在产品的制造过程中，先根据零件图进行零件的加工和检验，再按照装配图所制订的装配工艺规程将零件装配成机器或部件。装配图是表达设计思想、指导生产（装配、检验、安装和维修）和进行技术交流的重要技术文件。

课堂讨论：
　　用于指导装配的图样所表示的内容会与零件图相同吗？它主要应该表示什么？

二、装配图的内容

1. 一组视图
采用适当的表达方法绘制一组视图，能清楚地表示装配体结构组成及工作原理、零件之间的装配关系、连接方式及各零件的主要结构形状，如图10-1所示的螺旋千斤顶装配图。

2. 必要的尺寸
装配图上需标注反映装配体的规格（性能）尺寸、装配尺寸、零件间的配合关系、安装尺寸、外形尺寸及其他重要尺寸。

3. 技术要求
用文字或符号注写出装配体在装配、检验、调试和使用等方面的技术要求。

4. 零件序号、明细栏和标题栏
装配图中每种零件必须编号，并按国家标准规定的格式绘制标题栏和明细栏，如图10-1所示。

螺旋千斤顶中各零件立体图及装配立体图，如图10-2所示。

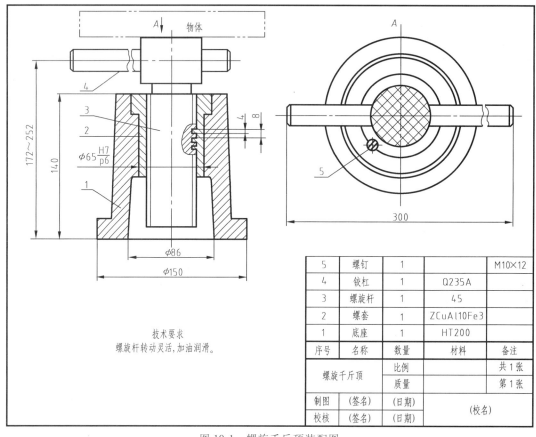

图 10-1　螺旋千斤顶装配图

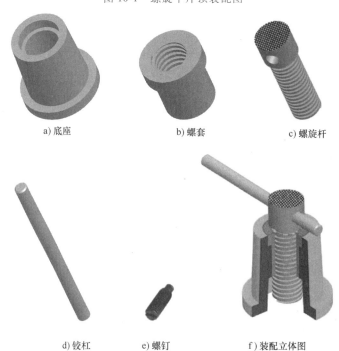

a) 底座　　　　　b) 螺套　　　　　c) 螺旋杆

d) 铰杠　　　　e) 螺钉　　　　f) 装配立体图

图 10-2　螺旋千斤顶中零件立体图及装配立体图

第二节　装配图的图形分析、尺寸和技术要求

一、装配图的图形分析

零件图的各种表达方法（如视图、剖视图、断面图等）对装配图同样适用，装配图的表达重点是装配体的结构、工作原理及零件间的装配关系，并不要求把每个零件的形状结构完整地表达出来。由于表达重点不同，国家标准对装配图还有专门的规定。

1. 装配图的规定画法

1）两零件的接触表面（或配合面）用一条轮廓线表示；非接触面用两条轮廓线表示，如图 10-3 所示端盖与箱体接触处。

2）同一零件的剖面线方向和间隔应一致；相邻零件的剖面线应区分（改变方向或间隔），如图 10-3 所示两个小圆螺母的剖面线。

3）对实心杆件和标准件（如螺栓），当剖切平面能过其轴线或对称面剖切时，只画这些零件的外形，如图 10-3 所示齿轮轴的画法。

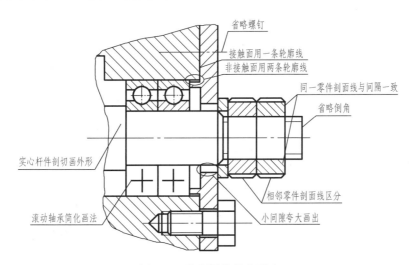

图 10-3　装配图的规定画法

2. 装配图的特殊表示法

（1）拆卸画法　对于装配图中表达一些重要零件的内、外部形状，可假想拆去一个或几个零件来绘图，如图 10-4 所示滑动轴承的装配图。

（2）简化画法　对于装配图中相同的零件组，可以只画出一组，其余用轴线表示出其位置即可；对于滚动轴承可采用简化画法；对倒角、圆角及退刀槽等工艺结构可省略不画，如图 10-3 中所示。

（3）假想画法　对于装配图中与装配体相关联但不属于装配体的零（部）件可以用双点画线画出轮廓，如图 10-1 所示千斤顶所举升的物体。

（4）夸大画法　对于装配图中的薄片及较小间隙，可以适当加以夸大尺寸后画出，如图 10-3 所示的间隙。

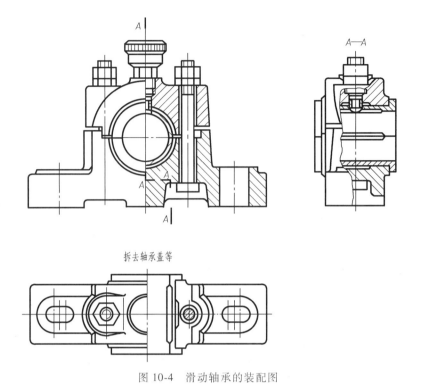

图 10-4　滑动轴承的装配图

二、装配图的尺寸

装配图是设计和装配机器（部件）时使用的图样，因此不需将零件加工所需的全部尺寸都标注出来，只需标注出表达零部件间装配关系的必要尺寸。

1. 规格（性能）尺寸

规格（性能）尺寸是表示装配体的规格和工作性能的尺寸。如图 10-1 所示的尺寸 172～252。这类尺寸是设计和选用机器（部件）的主要依据。

2. 装配尺寸

装配尺寸是用以保证机器或部件装配性能的尺寸，主要有以下两种：

（1）配合尺寸　零件上有配合要求的尺寸，如图 10-1 所示中的尺寸 $\phi65H7/p6$。该尺寸表示公称直径为 $\phi65$，孔的公差带代号为 H7，轴的公差带代号为 p6，为基孔制的过盈配合。

（2）相对位置尺寸　装配时需要保证的零件间较重要的距离尺寸和间隙尺寸，如图 10-5a 所示的尺寸（60±0.0095）。

3. 安装尺寸

零部件安装在机器上或机器安装在固定基座上所需的安装连接用尺寸称为安装尺寸，如图 10-5a 所示的尺寸 80h6 和 40H7。

4. 总体尺寸

装配体所占用空间大小的尺寸称为总体尺寸。如图 10-5a 所示的尺寸 80h6 和 18。这类尺寸为包装、运输和安装使用时提供所需占用空间的大小。

5. 其他重要尺寸

其他重要尺寸还包括根据装配体的结构特点和需要而必须标注的重要尺寸，如运动的极限位置尺寸、零件间的主要定位尺寸和设计计算尺寸等。

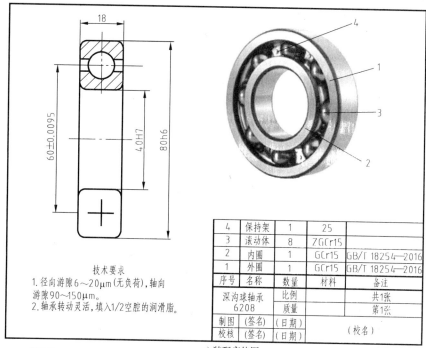

4	保持架	1	25	
3	滚动体	8	ZGCr15	
2	内圈	1	GCr15	GB/T 18254—2016
1	外圈	1	GCr15	GB/T 18254—2016
序号	名称	数量	材料	备注
深沟球轴承 6208		比例		共1张
		质量		第1张
制图	(签名)	(日期)		(校名)
校核	(签名)	(日期)		

技术要求
1. 径向游隙6～20μm(无负荷)，轴向游隙90～150μm。
2. 轴承转动灵活，填入1/2空腔的润滑脂。

a) 装配实体图

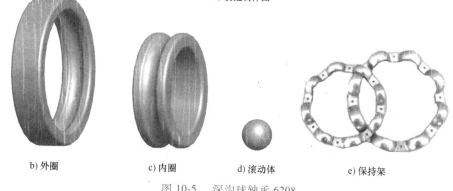

b) 外圈　　　c) 内圈　　　d) 滚动体　　　e) 保持架

图 10-5　深沟球轴承 6208

三、装配图的技术要求

装配图的技术要求根据装配体的具体情况而定，用文字注写在明细栏上方或者图样下方的空白处，如图 10-5a 所示。装配图中的技术要求主要包括以下几个方面：

1. 装配要求

装配要求指装配后必须保证的精度、装配时的加工说明、指定的装配方法和装配要求（如精确度、装配间隙、润滑要求等），如图 10-1 所示的"螺旋杆转动灵活，加油润滑"、图 10-5a 所示的"径向游隙 6～20μm（无负荷），轴向游隙 90～150μm"等。

2. 检验要求

检验要求指装配过程中及装配后必须保证其精度的各种检验方法的说明，如图 10-5a 所示。

3. 使用要求

使用要求指对机器或部件的基本性能维护、保养和使用时的要求，如图 10-5a 所示 "轴承转动灵活，填入 1/2 空腔的润滑脂" 等要求。

第三节　装配图的零件序号和明细栏

一、零件序号的编排方法

零件序号由指引线和数字序号组成，数字可直接注写在指引线的旁边，也可加下划线，还可写在圆内。若所指部分不便画圆点时（很薄的零件或涂黑的剖面），可以在指引线的端部画箭头，指向零件的轮廓线，如图 10-6 所示。

一组紧固件以及装配关系清楚的零件组，可以采用公共指引线，序号按顺时针或逆时针方向排列，并沿水平或垂直方向排列整齐，如图 10-7 所示。

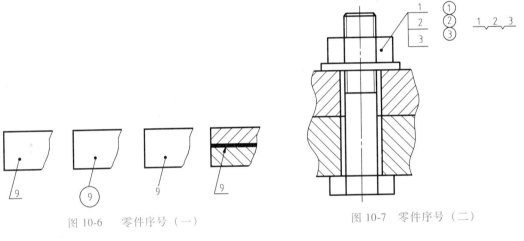

图 10-6　零件序号（一）

图 10-7　零件序号（二）

二、装配图的明细栏

装配图中的明细栏一般绘制在标题栏的上方，其格式如图 10-8 所示。明细栏中的序号应与图中序号相对，自下而上填写，如果位置不够，可以在标题栏左侧续编。备注栏可填写该项的附加说明或其他有关内容。

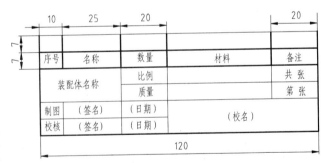

图 10-8　装配图明细栏

第四节　识读装配图

在产品的设计、安装、调试、维修及技术交流时，都需要识读装配图。不同工作岗位的技术人员，识读装配图的目的和内容有不同的侧重点和要求。

一、读装配图的要求

1）了解装配体的名称、用途及工作原理。

2）了解各零件间的相对位置及装配关系。

3）了解主要零件的形状结构及其在装配体中的作用。

二、读装配图的方法和步骤

1）概括了解。浏览视图，结合标题栏和明细栏了解装配体的名称、作用、各组成部分的概况及其位置等。

2）分析视图，了解各零件之间的装配关系和工作原理。

3）分析尺寸和技术要求。

4）分析装拆的先后顺序。

三、识读实例

识读图 10-9 所示机用虎钳装配图。

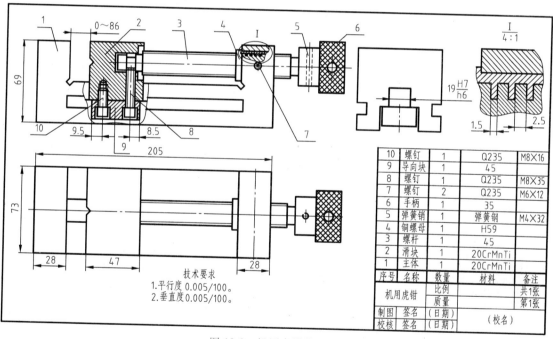

10	螺钉	1	Q235	M8×16
9	导向块	1	45	
8	螺钉	1	Q235	M8×35
7	螺钉	2	Q235	M6×12
6	手柄	1	35	
5	弹簧销	1	弹簧钢	M4×32
4	铜螺母	1	H59	
3	螺杆	1	45	
2	滑块	1	20CrMnTi	
1	主体	1	20CrMnTi	
序号	名称	数量	材料	备注
机用虎钳		比例		共1张
		质量		第1张
制图	签名	（日期）	（校名）	
校核	签名	（日期）		

图 10-9 机用虎钳装配图

1. 概括了解

首先通过标题栏了解装配体的名称及用途，从明细栏了解组成该部件的零件名称、数量及标准件规格等。由图 10-9 所示可知，该部件是机用虎钳，是装在机床上用于夹持工件的工具。该部件由 5 个标准件和 6 个非标准零件组成。

2. 分析视图，了解装配关系和工作原理

机用虎钳装配图采用了三个基本视图和一个局部放大图来表达，其中主视图有两个局部

剖视图，主要反映各零件的装配连接关系，左视图反映了滑块 2 与主体 1 和导向块 9 之间的装配关系，俯视图采用局部剖视图，反映了铜螺母 4 和主体 1 之间的固定方式。局部放大图反映了螺杆的螺纹结构。

机用虎钳的工作原理是，当螺杆 3 转动时，内六角圆柱头螺钉 8 带动滑块 2 做轴向移动，使钳口张开或闭合，将工件夹紧或放松。机用虎钳的装配关系是，螺杆 3 由铜螺母 4 和内六角圆柱头螺钉 8 支承，使螺杆只能在铜螺母 4 上转动。铜螺母 4 用两个内六角圆柱头螺钉固定在主体 1 的孔中，在螺杆 3 转动的过程中铜螺母 4 不能转动。导向块 9 通过内六角圆柱头螺钉 8 和内六角圆柱头螺钉 10 固定在滑块 2 上，保证滑块 2 只能在主体 1 的槽内滑动。

机用虎钳各零件及装配立体图，如图 10-10 所示。

图 10-10　机用虎钳各零件及装配立体图

3. 分析尺寸和技术要求

机用虎钳装配图中标注有规格尺寸 0~86，装配尺寸 9.5、8.5 等，配合尺寸 19H7/h6，总体尺寸 205、73 和 69。

机用虎钳装配图中的技术要求是，平行度 0.005/100mm，垂直度 0.005/100mm。

4. 分析装拆顺序

机用虎钳的装配顺序是：

1）将铜螺母 4 用两个内六角圆柱头螺钉固定在主体 1 的孔中。

2）将手柄 6 用弹簧销 5 安装在螺杆 3 上。

3）将滑块 2 放入主体 1 的槽中，注意滑块 2 有孔的一端朝向铜螺母 4。

4）将螺杆 3 旋入铜螺母 4，拧入滑块 2 的孔中。

5）用内六角圆柱头螺钉 8 和内六角圆柱头螺钉 10 将导向块 9 固定在滑块 2 上。注意两个内六角圆柱头螺钉的公称尺寸一样，但长度不同，内六角圆柱头螺钉 8 末端一定要插入螺杆 3 的槽中。

第十一章

零件的测绘

根据已有的零件进行测量，并整理画出零件工作图的过程称为零件测绘。在本课程的教学过程中通过零件测绘，继续深入学习零件图的表达和绘制，全面巩固前面所学的知识，培养动手能力，这是理论联系实际的一种有效方法。

一、测绘工具

在生产中的零件图，其来源有二：一是新设计而绘制出的图样，二是按照实际零件进行测绘而产生的图样。测量零件尺寸是测绘工作的重要内容之一，常见的测量工具有钢直尺、卷尺、外卡钳、内卡钳、游标卡尺、千分尺和游标万能角度尺等，如图 11-1 所示。

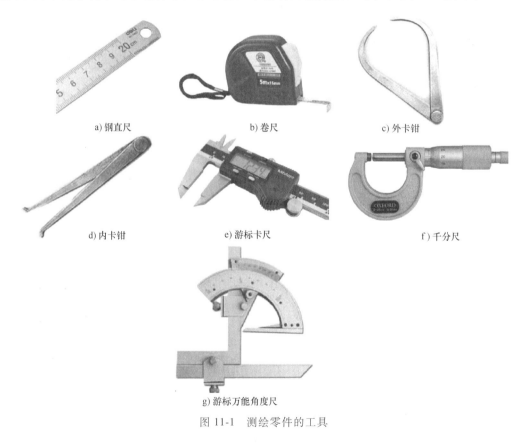

a) 钢直尺　　　　　　　b) 卷尺　　　　　　　c) 外卡钳

d) 内卡钳　　　　e) 游标卡尺　　　　f) 千分尺

g) 游标万能角度尺

图 11-1　测绘零件的工具

二、常用的测量方法

1. 测量线性尺寸

长度尺寸可以用钢直尺直接测量读数，如图 11-2 所示。

2. 测量螺纹螺距

（1）用螺纹规测量螺距（见图 11-3）

1）用螺纹规确定螺纹的牙型和螺距 $P = 2mm$。

2）用游标卡尺量出螺纹大径。

3）目测螺纹的线数和旋向。

4）根据牙型、螺纹大径和螺距，与有关手册中螺纹的标准核对，选取相近的标准值。

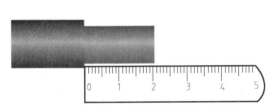

图 11-2　测量线性尺寸

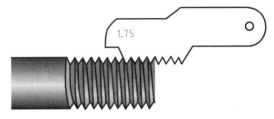

图 11-3　用螺纹规测量螺距

（2）压痕法测量螺距（见图 11-4）　若没有螺纹规，可用一张纸放在被测螺纹上，压出螺距印痕，用钢直尺量出 5~10 个螺纹的长度，即可算出螺距 P，根据螺距 P 和测出的螺纹大径查相关手册取标准数值。

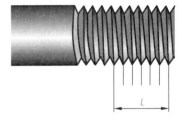

图 11-4　压痕法测量螺距

3. 测量孔间距

孔间距可以用卡钳（或游标卡尺）结合钢直尺测出，如图 11-5 所示。

4. 测量直径尺寸

直径尺寸可以用游标卡尺或千分尺直接测量读数，如图 11-6 所示。

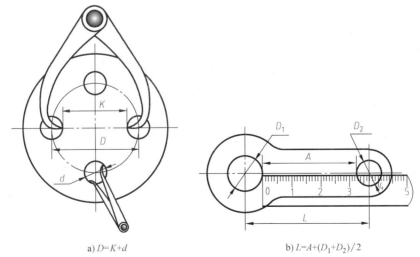

a) $D = K + d$

b) $L = A + (D_1 + D_2)/2$

图 11-5　测量孔间距

a) 用游标卡尺测量

b) 用外径千分尺测量

图 11-6　测量直径尺寸

5. 测量壁厚尺寸

壁厚尺寸可以用钢直尺测量，如图 11-7 中底壁厚度 $X = A - B$；或用卡钳和钢直尺测量，如图 11-7 中侧壁厚度 $Y = C - D$。

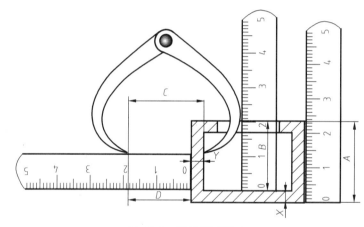

图 11-7　测量壁厚尺寸

6. 测量齿轮的模数

1）数出齿数 z。

2）量出齿顶圆直径 d_a。

当齿数为单数而不能直接测量时，可按图 11-8 所示方法量出（$d_a = d + 2e$）。

3）计算模数 $m' = d_a / (z + 2)$。

4）修正模数。

由于齿轮磨损或测量误差的影响，当计算的模数不是标准模数时，应在标准模数表中选用与 m' 最接近的值作为标准模数。

5）根据公式计算出齿轮其余各部分的尺寸。

图 11-8　测量齿轮的模数

三、画零件草图

零件草图是绘制部件装配图和零件工作图的重要依据，必须认真仔细绘制。画草图的要求是：图形正确、表达清晰、尺寸齐全，并注写包括技术要求等必要的内容。

测绘时对标准件不必画零件草图，只要测量出几个主要尺寸，根据相应的国家标准确定其规格和标记列表说明，或者注写在装配示意图上。

画零件草图的方法和步骤如下：

1）确定表达方案、布图。

确定主视图，根据完整、清晰表达零件的需要，画出其他视图。根据零件大小、视图数量多少，选择图纸幅面，布置各视图的位置，先画出中心线及其他定位基准线。

2）画出零件各视图的轮廓线。

3）画出零件各视图的细节和局部结构，采用剖视图、断面图等表达方法。

4）标注尺寸和书写其他必要的内容。

先画出全部尺寸界线、尺寸线和箭头，然后按尺寸线在零件上量取所需尺寸，填写尺寸数值，最后加注向视图的投射方向和图名。

附录

附表 1　国家职业标准对制图员的工作要求

职业功能和工作内容		技能要求			
		初级	中级	高级	技师
绘制二维图	描图	能描绘墨线图			
	手工绘图	1. 能绘制内外螺纹及其连接图 2. 能绘制和阅读轴类、盘盖类零件图	1. 能绘制螺纹连接装配图 2. 能绘制和阅读支架、箱体类零件图	1. 能绘制各种标准件和常用件 2. 能绘制和阅读不少于15个零件的装配图	能绘制和阅读各种机械图样
	手工绘制草图			能绘制箱体类零件草图	
	手工绘制展开图				1. 能绘制变形接头的展开图 2. 能绘制等径弯管的展开图
	计算机绘图	1. 能使用一种软件绘制简单二维图形并标注尺寸 2. 能使用打印机或绘图机输出图样	能绘制简单的二维图形	1. 能根据零件图绘制装配图 2. 能根据装配图绘制零件图	
绘制三维图	描图	能描绘正等轴测图	1. 能够描绘斜二测图 2. 能够描绘正二测图		
	手工绘制轴测图		1. 能绘制正等轴测图 2. 能绘制正等轴测剖视图	1. 能绘制轴测图 2. 能绘制轴测剖视图	能润饰轴测图
	计算机绘图				1. 能创建各种零件的三维模型 2. 能创建装配体的三维模型 3. 能创建装配体的三维分解模型 4. 能将三维模型转化为二维工程图 5. 能创建曲面的三维模型 6. 能渲染三维模型

（续）

职业功能和工作内容		技能要求			
		初级	中级	高级	技师
图档管理	图样折叠与装订	能按要求折叠图样并装订成册			
	软件管理		能使用软件对成套图样进行管理		
	图样归档管理			能对成套图样进行分类编号	
转换不同标准体系的图样	第一角和第三角投影图的相互转换				能对第三角表示法和第一角表示法做相互转换
指导与培训	业务培训				1. 能指导初、中、高级制图员的工作，并进行业务培训 2. 能编写初、中、高级制图员的培训教材

注：本表摘自制图员国家职业标准。技能要求依次递进，高级别包括低级别的要求。

附表 2 标准公差数值（摘自 GB/T 1800.1—2009）

公称尺寸 /mm		标准公差等级																	
大于	至	IT1	IT2	IT3	IT4	IT5	IT6	IT7	IT8	IT9	IT10	IT11	IT12	IT13	IT14	IT15	IT16	IT17	IT18
		μm											mm						
—	3	0.8	1.2	2	3	4	6	10	14	25	40	60	0.1	0.14	0.25	0.4	0.6	1	1.4
3	6	1	1.5	2.5	4	5	8	12	18	30	48	75	0.12	0.18	0.3	0.48	0.75	1.2	1.8
6	10	1	1.5	2.5	4	6	9	15	22	36	58	90	0.15	0.22	0.36	0.58	0.9	1.5	2.2
10	18	1.2	2	3	5	8	11	18	27	43	70	110	0.18	0.27	0.43	0.7	1.1	1.8	2.7
18	30	1.5	2.5	4	6	9	13	21	33	52	84	130	0.21	0.33	0.52	0.84	1.3	2.1	3.3
30	50	1.5	2.5	4	7	11	16	25	39	62	100	160	0.25	0.39	0.62	1	1.6	2.5	3.9
50	80	2	3	5	8	13	19	30	46	74	120	190	0.3	0.46	0.74	1.2	1.9	3	4.6
80	120	2.5	4	6	10	15	22	35	54	87	140	220	0.35	0.54	0.87	1.4	2.2	3.5	5.4
120	180	3.5	5	8	12	18	25	40	63	100	160	250	0.4	0.63	1	1.6	2.5	4	6.3
180	250	4.5	7	10	14	20	29	46	72	115	185	290	0.46	0.72	1.15	1.85	2.9	4.6	7.2
250	315	6	8	12	16	23	32	52	81	130	210	320	0.52	0.81	1.3	2.1	3.2	5.2	8.1
315	400	7	9	13	18	25	36	57	89	140	230	360	0.57	0.89	1.4	2.3	3.6	5.7	8.9
400	500	8	10	15	20	27	40	63	97	155	250	400	0.63	0.97	1.55	2.5	4	6.3	9.7
500	630	9	11	16	22	32	44	70	110	175	280	440	0.7	1.1	1.75	2.8	4.4	7	11
630	800	10	13	18	25	36	50	80	125	200	320	500	0.8	1.25	2	3.2	5	8	12.5
800	1000	11	15	21	28	40	60	90	140	230	360	560	0.9	1.4	2.3	3.6	5.6	9	14
1000	1250	13	18	24	33	47	66	105	165	260	420	660	1.05	1.65	2.6	4.2	6.6	10.5	16.5
1250	1600	15	21	29	39	55	78	125	195	310	500	780	1.25	1.95	3.1	5	7.8	12.5	19.5
1600	2000	18	25	35	46	65	92	150	230	370	600	920	1.5	2.3	3.7	6	9.2	15	23
2000	2500	22	30	41	55	78	110	175	280	440	700	1100	1.75	2.8	4.4	7	11	17.5	28
2500	3150	26	36	50	68	96	135	210	330	540	860	1350	2.1	3.3	5.4	8.6	13.5	21	33

注：1. 公称尺寸大于 500mm 的 IT1～IT5 的标准公差为试行。
2. 公称尺寸小于或等于 1mm 时，无 IT14～IT18。

附表3 轴的极限偏差公称尺寸至500mm（摘自GB/T 1800.2—2009） （单位：μm）

代号 公称尺寸/mm	c	d		e		f		g			h							js	k		m		n		p		r		s		t		u	v	x	y	z
等级	11	8	9	7	8	7	8	5	6	7	5	6	7	8	9	10	11	6	6	7	6	7	5	6	6	7	6	7	5	6	6	7	6	6	6	6	6
≤3	-60/-120	-20/-34	-20/-45	-14/-24	-14/-28	-6/-16	-6/-20	-2/-6	-2/-8	-2/-12	0/-4	0/-6	0/-10	0/-14	0/-25	0/-40	0/-60	±3	+6/0	+10/0	+8/+2	+12/+2	+8/+4	+10/+4	+12/+6	+16/+6	+16/+10	+20/+10	+18/+14	+20/+14	—	—	+24/+18	—	+26/+20	—	+32/+26
3~6	-70/-145	-30/-48	-30/-60	-20/-32	-20/-38	-10/-22	-10/-28	-4/-9	-4/-12	-4/-16	0/-5	0/-8	0/-12	0/-18	0/-30	0/-48	0/-75	±4	+9/+1	+13/+1	+12/+4	+16/+4	+13/+8	+16/+8	+20/+12	+24/+12	+23/+15	+27/+15	+24/+19	+27/+19	—	—	+31/+23	—	+36/+28	—	+43/+35
6~10	-80/-170	-40/-62	-40/-76	-25/-40	-25/-47	-13/-28	-13/-35	-5/-11	-5/-14	-5/-20	0/-6	0/-9	0/-15	0/-22	0/-36	0/-58	0/-90	±4.5	+10/+1	+16/+1	+15/+6	+21/+6	+16/+10	+19/+10	+24/+15	+30/+15	+28/+19	+34/+19	+29/+23	+32/+23	—	—	+37/+28	—	+43/+34	—	+51/+42
10~14	-95/-205	-50/-77	-50/-93	-32/-50	-32/-59	-16/-34	-16/-43	-6/-14	-6/-17	-6/-24	0/-8	0/-11	0/-18	0/-27	0/-43	0/-70	0/-110	±5.5	+12/+1	+19/+1	+18/+7	+25/+7	+20/+12	+23/+12	+29/+18	+36/+18	+34/+23	+41/+23	+36/+28	+39/+28	—	—	+44/+33	—	+51/+40	—	+61/+50
14~18	-95/-205	-50/-77	-50/-93	-32/-50	-32/-59	-16/-34	-16/-43	-6/-14	-6/-17	-6/-24	0/-8	0/-11	0/-18	0/-27	0/-43	0/-70	0/-110	±5.5	+12/+1	+19/+1	+18/+7	+25/+7	+20/+12	+23/+12	+29/+18	+36/+18	+34/+23	+41/+23	+36/+28	+39/+28	—	—	+44/+33	+50/+39	+56/+45	—	+71/+60
18~24	-110/-240	-65/-98	-65/-117	-40/-61	-40/-73	-20/-41	-20/-53	-7/-16	-7/-20	-7/-28	0/-9	0/-13	0/-21	0/-33	0/-52	0/-84	0/-130	±6.5	+15/+2	+23/+2	+21/+8	+29/+8	+24/+15	+28/+15	+35/+22	+43/+22	+41/+28	+49/+28	+44/+35	+48/+35	—	—	+54/+41	+60/+47	+67/+54	+76/+63	+86/+73
24~30	-110/-240	-65/-98	-65/-117	-40/-61	-40/-73	-20/-41	-20/-53	-7/-16	-7/-20	-7/-28	0/-9	0/-13	0/-21	0/-33	0/-52	0/-84	0/-130	±6.5	+15/+2	+23/+2	+21/+8	+29/+8	+24/+15	+28/+15	+35/+22	+43/+22	+41/+28	+49/+28	+44/+35	+48/+35	+54/+41	+62/+41	+61/+48	+68/+55	+77/+64	+88/+75	+101/+88
30~40	-120/-280	-80/-119	-80/-142	-50/-75	-50/-89	-25/-50	-25/-64	-9/-20	-9/-25	-9/-34	0/-11	0/-16	0/-25	0/-39	0/-62	0/-100	0/-160	±8	+18/+2	+27/+2	+25/+9	+34/+9	+28/+17	+33/+17	+42/+26	+51/+26	+50/+34	+59/+34	+54/+43	+59/+43	+64/+48	+73/+48	+76/+60	+84/+68	+96/+80	+110/+94	+128/+112
40~50	-130/-290	-80/-119	-80/-142	-50/-75	-50/-89	-25/-50	-25/-64	-9/-20	-9/-25	-9/-34	0/-11	0/-16	0/-25	0/-39	0/-62	0/-100	0/-160	±8	+18/+2	+27/+2	+25/+9	+34/+9	+28/+17	+33/+17	+42/+26	+51/+26	+50/+34	+59/+34	+54/+43	+59/+43	+70/+54	+79/+54	+86/+70	+97/+81	+113/+97	+130/+114	+152/+136
50~65	-140/-330	-100/-146	-100/-174	-60/-90	-60/-106	-30/-60	-30/-76	-10/-23	-10/-29	-10/-40	0/-13	0/-19	0/-30	0/-46	0/-74	0/-120	0/-190	±9.5	+21/+2	+32/+2	+30/+11	+41/+11	+33/+20	+39/+20	+51/+32	+62/+32	+60/+41	+70/+41	+66/+53	+72/+53	+85/+66	+96/+66	+106/+87	+121/+102	+141/+122	+163/+144	+191/+172
65~80	-150/-340	-100/-146	-100/-174	-60/-90	-60/-106	-30/-60	-30/-76	-10/-23	-10/-29	-10/-40	0/-13	0/-19	0/-30	0/-46	0/-74	0/-120	0/-190	±9.5	+21/+2	+32/+2	+30/+11	+41/+11	+33/+20	+39/+20	+51/+32	+62/+32	+62/+43	+72/+43	+72/+59	+78/+59	+94/+75	+105/+75	+121/+102	+139/+120	+165/+146	+193/+174	+229/+210
80~100	-170/-390	-120/-174	-120/-207	-72/-107	-72/-126	-36/-71	-36/-90	-12/-27	-12/-34	-12/-47	0/-15	0/-22	0/-35	0/-54	0/-87	0/-140	0/-220	±11	+25/+3	+38/+3	+35/+13	+48/+13	+38/+23	+45/+23	+59/+37	+72/+37	+73/+51	+86/+51	+86/+71	+93/+71	+113/+91	+126/+91	+146/+124	+168/+146	+200/+178	+236/+214	+280/+258
100~120	-180/-400	-120/-174	-120/-207	-72/-107	-72/-126	-36/-71	-36/-90	-12/-27	-12/-34	-12/-47	0/-15	0/-22	0/-35	0/-54	0/-87	0/-140	0/-220	±11	+25/+3	+38/+3	+35/+13	+48/+13	+38/+23	+45/+23	+59/+37	+72/+37	+76/+54	+89/+54	+94/+79	+101/+79	+126/+104	+139/+104	+166/+144	+194/+172	+232/+210	+276/+254	+332/+310

（续）

公称尺寸/mm	c 11	d 8	d 9	e 7	e 8	f 7	f 8	g 6	g 7	h 5	h 6	h 7	h 8	h 9	h 10	h 11	js 6	k 6	k 7	m 6	m 7	n 5	n 6	p 6	p 7	r 6	r 7	s 5	s 6	t 6	t 7	u 6	v 6	x 6	y 6	z 6
120~140	−200/−450	−145/−208	−145/−245	−85/−125	−85/−148	−43/−83	−43/−106	−14/−39	−14/−54	0/−18	0/−25	0/−40	0/−63	0/−100	0/−160	0/−250	±12.5	+28/+3	+43/+3	+40/+15	+55/+15	+45/+27	+52/+27	+68/+43	+83/+43	+88/+63	+103/+63	+110/+92	+117/+92	+147/+122	+162/+122	+195/+170	+227/+202	+273/+248	+325/+300	+390/+365
140~160	−210/−460	−145/−208	−145/−245	−85/−125	−85/−148	−43/−83	−43/−106	−14/−39	−14/−54	0/−18	0/−25	0/−40	0/−63	0/−100	0/−160	0/−250	±12.5	+28/+3	+43/+3	+40/+15	+55/+15	+45/+27	+52/+27	+68/+43	+83/+43	+90/+65	+105/+65	+118/+100	+125/+100	+159/+134	+174/+134	+215/+190	+253/+228	+305/+280	+365/+340	+440/+415
160~180	−230/−480	−145/−208	−145/−245	−85/−125	−85/−148	−43/−83	−43/−106	−14/−39	−14/−54	0/−18	0/−25	0/−40	0/−63	0/−100	0/−160	0/−250	±12.5	+28/+3	+43/+3	+40/+15	+55/+15	+45/+27	+52/+27	+68/+43	+83/+43	+93/+68	+108/+68	+126/+108	+133/+108	+171/+146	+186/+146	+235/+210	+277/+252	+335/+310	+405/+380	+490/+465
180~200	−240/−530	−170/−242	−170/−285	−100/−146	−100/−172	−50/−96	−50/−122	−15/−44	−15/−61	0/−20	0/−29	0/−46	0/−72	0/−115	0/−185	0/−290	±14.5	+33/+4	+50/+4	+46/+17	+63/+17	+51/+31	+60/+31	+79/+50	+96/+50	+106/+77	+123/+77	+142/+122	+151/+122	+195/+166	+212/+166	+265/+236	+313/+284	+379/+350	+454/+425	+549/+520
200~225	−260/−550	−170/−242	−170/−285	−100/−146	−100/−172	−50/−96	−50/−122	−15/−44	−15/−61	0/−20	0/−29	0/−46	0/−72	0/−115	0/−185	0/−290	±14.5	+33/+4	+50/+4	+46/+17	+63/+17	+51/+31	+60/+31	+79/+50	+96/+50	+109/+80	+126/+80	+150/+130	+159/+130	+209/+180	+226/+180	+287/+258	+339/+310	+414/+385	+499/+470	+604/+575
225~250	−280/−570	−170/−242	−170/−285	−100/−146	−100/−172	−50/−96	−50/−122	−15/−44	−15/−61	0/−20	0/−29	0/−46	0/−72	0/−115	0/−185	0/−290	±14.5	+33/+4	+50/+4	+46/+17	+63/+17	+51/+31	+60/+31	+79/+50	+96/+50	+113/+84	+130/+84	+160/+140	+169/+140	+225/+196	+242/+196	+313/+284	+369/+340	+454/+425	+549/+520	+669/+640
250~280	−300/−620	−190/−271	−190/−320	−110/−162	−110/−191	−56/−108	−56/−137	−17/−49	−17/−69	0/−23	0/−32	0/−52	0/−81	0/−130	0/−210	0/−320	±16	+36/+4	+56/+4	+52/+20	+72/+20	+57/+34	+66/+34	+88/+56	+108/+56	+126/+94	+146/+94	+181/+158	+190/+158	+250/+218	+270/+218	+347/+315	+417/+385	+507/+475	+612/+580	+742/+710
280~315	−330/−650	−190/−271	−190/−320	−110/−162	−110/−191	−56/−108	−56/−137	−17/−49	−17/−69	0/−23	0/−32	0/−52	0/−81	0/−130	0/−210	0/−320	±16	+36/+4	+56/+4	+52/+20	+72/+20	+57/+34	+66/+34	+88/+56	+108/+56	+130/+98	+150/+98	+193/+170	+202/+170	+272/+240	+292/+240	+382/+350	+457/+425	+557/+525	+682/+650	+822/+790
315~355	−360/−720	−210/−299	−210/−350	−125/−182	−125/−214	−62/−119	−62/−151	−18/−54	−18/−75	0/−25	0/−36	0/−57	0/−89	0/−140	0/−230	0/−360	±18	+40/+4	+61/+4	+57/+21	+78/+21	+62/+37	+73/+37	+98/+62	+119/+62	+144/+108	+165/+108	+215/+190	+226/+190	+304/+268	+325/+268	+426/+390	+511/+475	+626/+590	+766/+730	+936/+900
355~400	−400/−760	−210/−299	−210/−350	−125/−182	−125/−214	−62/−119	−62/−151	−18/−54	−18/−75	0/−25	0/−36	0/−57	0/−89	0/−140	0/−230	0/−360	±18	+40/+4	+61/+4	+57/+21	+78/+21	+62/+37	+73/+37	+98/+62	+119/+62	+150/+114	+171/+114	+233/+208	+244/+208	+330/+294	+351/+294	+471/+435	+566/+530	+696/+660	+856/+820	+1036/+1000
400~450	−440/−840	−230/−327	−230/−385	−135/−198	−135/−232	−68/−131	−68/−165	−20/−60	−20/−83	0/−27	0/−40	0/−63	0/−97	0/−155	0/−250	0/−400	±20	+45/+5	+68/+5	+63/+23	+86/+23	+67/+40	+80/+40	+108/+68	+131/+68	+166/+126	+189/+126	+259/+232	+272/+232	+370/+330	+393/+330	+530/+490	+635/+595	+780/+740	+960/+920	+1140/+1100
450~500	−480/−880	−230/−327	−230/−385	−135/−198	−135/−232	−68/−131	−68/−165	−20/−60	−20/−83	0/−27	0/−40	0/−63	0/−97	0/−155	0/−250	0/−400	±20	+45/+5	+68/+5	+63/+23	+86/+23	+67/+40	+80/+40	+108/+68	+131/+68	+172/+132	+195/+132	+279/+252	+292/+252	+400/+360	+423/+360	+580/+540	+700/+660	+860/+820	+1040/+1000	+1290/+1250

（代号 / 等级）

附表 4　孔的极限偏差公称尺寸至 500mm（摘自 GB/T 1800.2—2009）

（单位：μm）

表中每格上行为上偏差、下行为下偏差；代号下为等级。

公称尺寸/mm	C11	D9	D10	E8	E9	F7	F8	F9	G6	G7	H6	H7	H8	H9	H10	H11	H12	JS7	JS8	K6	K7	M7	M8	N6	N7	P6	P7	R6	R7	S6	S7	T6	T7	U6
≤3	+120/+60	+45/+20	+60/+20	+28/+14	+39/+14	+16/+6	+20/+6	+31/+6	+8/+2	+12/+2	+6/0	+10/0	+14/0	+25/0	+40/0	+60/0	+100/0	±5	±7	0/-6	0/-10	-2/-12	-2/-16	-4/-10	-4/-14	-6/-12	-6/-16	-10/-16	-10/-20	-14/-20	-14/-24	—	—	-18/-24
3~6	+145/+70	+60/+30	+78/+30	+38/+20	+50/+20	+22/+10	+28/+10	+40/+10	+12/+4	+16/+4	+8/0	+12/0	+18/0	+30/0	+48/0	+75/0	+120/0	±6	±9	+2/-6	+3/-9	0/-12	+2/-16	-5/-13	-4/-16	-9/-17	-8/-20	-12/-20	-11/-23	-16/-24	-15/-27	—	—	-20/-28
6~10	+170/+80	+76/+40	+98/+40	+47/+25	+61/+25	+28/+13	+35/+13	+49/+13	+14/+5	+20/+5	+9/0	+15/0	+22/0	+36/0	+58/0	+90/0	+150/0	±7	±11	+2/-7	+5/-10	0/-15	+1/-21	-7/-16	-4/-19	-12/-21	-9/-24	-16/-25	-13/-28	-20/-29	-17/-32	—	—	-25/-34
10~14	+205/+95	+93/+50	+120/+50	+59/+32	+75/+32	+34/+16	+43/+16	+59/+16	+17/+6	+24/+6	+11/0	+18/0	+27/0	+43/0	+70/0	+110/0	+180/0	±9	±13	+2/-9	+6/-12	0/-18	+2/-25	-9/-20	-5/-23	-15/-26	-11/-29	-20/-31	-16/-34	-25/-36	-21/-39	—	—	-30/-41
14~18	+205/+95	+93/+50	+120/+50	+59/+32	+75/+32	+34/+16	+43/+16	+59/+16	+17/+6	+24/+6	+11/0	+18/0	+27/0	+43/0	+70/0	+110/0	+180/0	±9	±13	+2/-9	+6/-12	0/-18	+2/-25	-9/-20	-5/-23	-15/-26	-11/-29	-20/-31	-16/-34	-25/-36	-21/-39	—	—	-30/-41
18~24	+240/+110	+117/+65	+149/+65	+73/+40	+92/+40	+41/+20	+53/+20	+72/+20	+20/+7	+28/+7	+13/0	+21/0	+33/0	+52/0	+84/0	+130/0	+210/0	±10	±16	+2/-11	+6/-15	0/-21	+4/-29	-11/-24	-7/-28	-18/-31	-14/-35	-24/-37	-20/-41	-31/-44	-27/-48	—	—	-37/-50
24~30	+240/+110	+117/+65	+149/+65	+73/+40	+92/+40	+41/+20	+53/+20	+72/+20	+20/+7	+28/+7	+13/0	+21/0	+33/0	+52/0	+84/0	+130/0	+210/0	±10	±16	+2/-11	+6/-15	0/-21	+4/-29	-11/-24	-7/-28	-18/-31	-14/-35	-24/-37	-20/-41	-31/-44	-27/-48	-37/-50	-33/-54	-44/-57
30~40	+280/+120	+142/+80	+180/+80	+89/+50	+112/+50	+50/+25	+64/+25	+87/+25	+25/+9	+34/+9	+16/0	+25/0	+39/0	+62/0	+100/0	+160/0	+250/0	±12	±19	+3/-13	+7/-18	0/-25	+5/-34	-12/-28	-8/-33	-21/-37	-17/-42	-29/-45	-25/-50	-38/-54	-34/-59	-43/-59	-39/-64	-55/-71
40~50	+290/+130	+142/+80	+180/+80	+89/+50	+112/+50	+50/+25	+64/+25	+87/+25	+25/+9	+34/+9	+16/0	+25/0	+39/0	+62/0	+100/0	+160/0	+250/0	±12	±19	+3/-13	+7/-18	0/-25	+5/-34	-12/-28	-8/-33	-21/-37	-17/-42	-29/-45	-25/-50	-38/-54	-34/-59	-49/-65	-45/-70	-65/-81
50~65	+330/+140	+174/+100	+220/+100	+106/+60	+134/+60	+60/+30	+76/+30	+104/+30	+29/+10	+40/+10	+19/0	+30/0	+46/0	+74/0	+120/0	+190/0	+300/0	±15	±23	+4/-15	+9/-21	0/-30	+5/-41	-14/-33	-9/-39	-26/-45	-21/-51	-35/-54	-30/-60	-47/-66	-42/-72	-60/-79	-55/-85	-81/-100
65~80	+340/+150	+174/+100	+220/+100	+106/+60	+134/+60	+60/+30	+76/+30	+104/+30	+29/+10	+40/+10	+19/0	+30/0	+46/0	+74/0	+120/0	+190/0	+300/0	±15	±23	+4/-15	+9/-21	0/-30	+5/-41	-14/-33	-9/-39	-26/-45	-21/-51	-37/-56	-32/-62	-53/-72	-48/-78	-69/-88	-64/-94	-96/-115
80~100	+390/+170	+207/+120	+260/+120	+125/+72	+159/+72	+71/+36	+90/+36	+123/+36	+34/+12	+47/+12	+22/0	+35/0	+54/0	+87/0	+140/0	+220/0	+350/0	±17	±27	+4/-18	+10/-25	0/-35	+6/-48	-16/-38	-10/-45	-30/-52	-24/-59	-44/-66	-38/-73	-64/-86	-58/-93	-84/-106	-78/-113	-117/-139
100~120	+400/+180	+207/+120	+260/+120	+125/+72	+159/+72	+71/+36	+90/+36	+123/+36	+34/+12	+47/+12	+22/0	+35/0	+54/0	+87/0	+140/0	+220/0	+350/0	±17	±27	+4/-18	+10/-25	0/-35	+6/-48	-16/-38	-10/-45	-30/-52	-24/-59	-47/-69	-41/-76	-72/-94	-66/-101	-97/-119	-91/-126	-137/-159

极限偏差值表（单位：μm）

基本尺寸 (mm)	偏差	1	2	3	4	5	6	7	8	9	10	11	12	13	14	15	16	js	17	18	19	20	21	22	23
120~140	上	-56	-48	-85	-77	-115	-107	-163																	+450
	下	-81	-88	-110	-117	-140	-147	-188																	+200
140~160	上	-58	-50	-93	-85	-127	-119	-183	-28	-36	-12	-20	+8	0	+12	+4	±20	±31	+460 +245 +305 +148 +185 +106 +143 +39 +54 +14						+25 +40 +63 +100 +150 +250 +400	
	下	-83	-90	-118	-125	-152	-159	-208	-68	-61	-52	-45	-55	-40	-28	-21			+210 +145 +145 +85 +43 +43 +14 +14						0	
160~180	上	-61	-53	-101	-93	-139	-131	-203																	+480
	下	-86	-93	-126	-133	-164	-171	-228																	+230
180~200	上	-68	-60	-113	-105	-157	-149	-227																	+530
	下	-97	-113	-142	-157	-186	-195	-256																	+240
200~225	上	-71	-63	-121	-113	-171	-163	-249	-33	-41	-14	-22	+9	0	+13	+5	±23	±36	+550 +285 +355 +172 +215 +122 +165 +44 +61 +15						+29 +46 +72 +115 +185 +290 +460	
	下	-100	-109	-150	-159	-200	-209	-278	-79	-70	-60	-51	-63	-46	-33	-24			+260 +170 +170 +100 +100 +50 +50						0	
225~250	上	-75	-67	-131	-123	-187	-179	-275																	+570
	下	-104	-113	-160	-169	-216	-225	-304																	+280
250~280	上	-85	-74	-149	-138	-209	-198	-306	-36	-47	-14	-25	+9	0	+16	+5	±26	±40	+620 +320 +400 +191 +240 +137 +186 +49 +69 +17						+32 +52 +81 +130 +210 +320 +520	
	下	-117	-126	-181	-190	-241	-250	-338	-88	-79	-66	-57	-72	-52	-36	-27			+300 +190 +190 +110 +110 +56 +56 +17						0	
280~315	上	-89	-78	-161	-150	-231	-220	-341																	+650
	下	-121	-130	-193	-202	-263	-272	-373																	+330
315~355	上	-97	-87	-179	-169	-257	-247	-379	-41	-51	-16	-26	+11	0	+17	+7	±28	±44	+720 +350 +440 +214 +265 +151 +202 +54 +25 +18						+36 +57 +89 +140 +230 +360 +570	
	下	-133	-144	-215	-226	-293	-304	-415	-98	-87	-73	-62	-78	-57	-40	-29			+360 +210 +210 +125 +125 +62 +62 +18						0	
355~400	上	-103	-93	-197	-187	-283	-273	-424																	+760
	下	-139	-150	-233	-244	-319	-330	-460																	+400
400~450	上	-113	-103	-219	-209	-317	-307	-477	-45	-55	-17	-27	+11	0	+18	+8	±31	±48	+840 +385 +480 +232 +290 +165 +223 +60 +83 +20						+40 +63 +97 +155 +250 +400 +630	
	下	-153	-166	-259	-272	-357	-370	-517	-108	-95	-80	-67	-86	-63	-45	-32			+440 +230 +230 +135 +135 +68 +68 +20						0	
450~500	上	-119	-109	-239	-229	-347	-337	-527																	+880
	下	-159	-172	-279	-292	-387	-400	-567																	+480

附表5　基轴制优先、常用配合（摘自 GB/T 1801—2009）

基准轴	孔																				
	A	B	C	D	E	F	G	H	JS	K	M	N	P	R	S	T	U	V	X	Y	Z
	间隙配合								过渡配合			过盈配合									
h5						$\frac{F6}{h5}$	$\frac{G6}{h5}$	$\frac{H6}{h5}$	$\frac{JS6}{h5}$	$\frac{K6}{h5}$	$\frac{M6}{h5}$	$\frac{N6}{h5}$	$\frac{P6}{h5}$	$\frac{R6}{h5}$	$\frac{S6}{h5}$	$\frac{T6}{h5}$					
h6						$\frac{F7}{h6}$	$\frac{▽G7}{h6}$	$\frac{▽H7}{h6}$	$\frac{JS7}{h6}$	$\frac{▽K7}{h6}$	$\frac{M7}{h6}$	$\frac{▽N7}{h6}$	$\frac{▽P7}{h6}$	$\frac{R7}{h6}$	$\frac{▽S7}{h6}$	$\frac{T7}{h6}$	$\frac{▽U7}{h6}$				
h7					$\frac{E8}{h7}$	$\frac{▽F8}{h7}$		$\frac{▽H8}{h7}$	$\frac{JS8}{h7}$	$\frac{K8}{h7}$	$\frac{M8}{h7}$	$\frac{N8}{h7}$									
h8				$\frac{D8}{h8}$	$\frac{E8}{h8}$	$\frac{F8}{h8}$		$\frac{H8}{h8}$													
h9				$\frac{▽D9}{h9}$	$\frac{E9}{h9}$	$\frac{F9}{h9}$		$\frac{▽H9}{h9}$													
h10				$\frac{D10}{h10}$				$\frac{H10}{h10}$													
h11	$\frac{A11}{h11}$	$\frac{B11}{h11}$	$\frac{▽C11}{h11}$	$\frac{D11}{h11}$				$\frac{▽H11}{h11}$													
h12		$\frac{B12}{h12}$						$\frac{H12}{h12}$													

注：标注▽的配合为优先配合。

附表6　基孔制优先、常用配合（摘自 GB/T 1801—2009）

基准孔	轴																				
	a	b	c	d	e	f	g	h	js	k	m	n	p	r	s	t	u	v	x	y	z
	间隙配合								过渡配合			过盈配合									
H6						$\frac{H6}{f5}$	$\frac{H6}{g5}$	$\frac{H6}{h5}$	$\frac{H6}{js5}$	$\frac{H6}{k5}$	$\frac{H6}{m5}$	$\frac{H6}{n5}$	$\frac{H6}{p5}$	$\frac{H6}{r5}$	$\frac{H6}{a5}$	$\frac{H6}{t5}$					
H7						$\frac{H7}{f6}$	$\frac{▽H7}{g6}$	$\frac{▽H7}{h6}$	$\frac{H7}{js6}$	$\frac{▽H7}{k6}$	$\frac{H7}{m6}$	$\frac{▽H7}{n6}$	$\frac{▽H7}{p6}$	$\frac{H7}{r6}$	$\frac{▽H7}{s6}$	$\frac{H7}{t6}$	$\frac{▽H7}{u6}$	$\frac{H7}{v6}$	$\frac{H7}{x6}$	$\frac{H7}{y6}$	$\frac{H7}{z6}$
H8					$\frac{H8}{e7}$	$\frac{▽H8}{f7}$	$\frac{H8}{g7}$	$\frac{▽H8}{h7}$	$\frac{H8}{js7}$	$\frac{H8}{k7}$	$\frac{H8}{m7}$	$\frac{H8}{n7}$	$\frac{H8}{p7}$	$\frac{H8}{r7}$	$\frac{H8}{s7}$	$\frac{H8}{t7}$	$\frac{H8}{u7}$				
H8				$\frac{H8}{d8}$	$\frac{H8}{e8}$	$\frac{H8}{f8}$		$\frac{H8}{h8}$													
H9			$\frac{H9}{c9}$	$\frac{▽H9}{d9}$	$\frac{H9}{e9}$	$\frac{H9}{f9}$		$\frac{▽H9}{h9}$													
H10			$\frac{H10}{c10}$	$\frac{H10}{d10}$				$\frac{H10}{h10}$													
H11	$\frac{H11}{a11}$	$\frac{H11}{b11}$	$\frac{▽H11}{c11}$	$\frac{H11}{d11}$				$\frac{▽H11}{h11}$													
H12		$\frac{H12}{b12}$						$\frac{H12}{h12}$													

注：标注▽的配合为优先配合。

附表7　普通螺纹直径与螺距、基本尺寸（摘自 GB/T 193—2003 和 GB/T 196—2003）

标记示例

公称直径 24mm，螺距 3mm，右旋粗牙普通螺纹，其标记为：M24

公称直径 24mm，螺距 1.5mm，左旋细牙普通螺纹，公差带代号 7H，其标记为：M24×1.5-LH

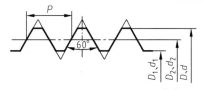

单位：mm

公称直径 D、d			螺距 P	
第一系列	第二系列	第三系列	粗牙	细牙
4	3.5		0.7	0.5
5		5.5	0.8	0.5
6			1	0.75
	7		1	0.75
8			1.25	1、0.75
		9	1.25	1、0.75
10			1.5	1.25、1、0.75
		11	1.5	1.5、1、0.75
12			1.75	1.25、1
	14		2	1.5、1.25、1
		15		1.5、1
16			2	1.5、1
		17		1.5、1
	18		2.5	2、1.5、1
20			2.5	2、1.5、1
	22		2.5	
24			3	2、1.5、1
		25		
		26		1.5
	27		3	2、1.5、1
		28		2、1.5、1
30			3.5	(3)、2、1.5、1
		32		2、1.5
	33		3.5	(3)、2、1.5
		35		1.5
36			4	3、2、1.5
	38			1.5
		39		3、2、1.5

注：M14×1.25 仅用于火花塞；M35×1.5 仅用于滚动轴承锁紧螺母。

附表8　梯形螺纹直径与螺距、基本尺寸

（GB/T 5796.2—2005、GB/T 5796.3—2005、GB/T 5796.4—2005）

标记示例

公称直径28mm，螺距5mm，中径公差带代号为7H的单线右旋梯形内螺纹，其标记为：Tr28×5-7H。

公称直径28mm，导程10mm，螺距5mm，中径公差带代号为8e的双线左旋梯形外螺纹，其标记为：Tr28×10（P5）-8e-LH。

内外螺纹旋合所组成的螺纹副的标记为：Tr24×8-7H/8e

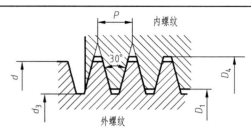

单位：mm

公称直径 d		螺距	大径	小径	
第一系列	第二系列	P	D_4	d_3	D_1
16		2	16.5	13.5	14
		4		11.5	12
	18	2	18.5	15.5	16
		4		13.5	16
20		2	20.5	17.5	18
		4		15.5	16
	22	3	22.5	18.5	19
		5		16.5	17
		8	23	13	14
24		3	24.5	20.5	21
		5		18.5	19
		8	25	15	16
	26	3	26.5	22.5	23
		5		20.5	21
		8	27	17	18
28		3	28.5	24.5	25
		5		22.5	23
		8	29	19	20

注：螺纹公差带代号外螺纹有9c、8c、8e、7e；内螺纹有9H、8H、7H。

附表9　管螺纹尺寸代号及基本尺寸

55°非密封管螺纹（GB/T 7307—2001）

标记示例

尺寸代号为1/2的A级右旋外螺纹的标记为：G1/2A

尺寸代号为1/2的B级左旋外螺纹的标记为：G1/2BLH

尺寸代号为1/2的右旋内螺纹的标记为：G1/2

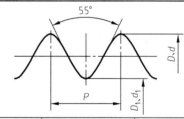

尺寸代号	每25.4mm内的牙数 n	螺距 P/mm	大径 $D=d$/mm	小径 $D_1=d_1$/mm	基准距离/mm
1/4	19	1.337	13.157	11.445	6
3/8	19	1.337	16.662	14.950	6.4
1/2	14	1.814	20.955	18.631	8.2
3/4	14	1.814	26.441	24.117	9.5
1	11	2.309	33.249	30.291	10.4
11/4	11	2.309	41.910	38.952	12.7
11/2	11	2.309	47.803	44.845	12.7
2	11	2.309	59.614	56.656	15.9

附表 10 普通平键（GB/T 1096—2003）

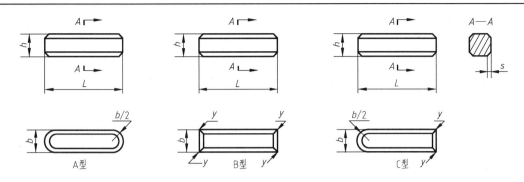

注：$y \leqslant s_{max}$

标记示例

圆头普通平键（A 型）、$b=18$mm、$h=11$mm、$L=100$mm，其标记为：GB/T 1096—2003 键 18×12×100

平头普通平键（B 型）、$b=18$mm、$h=11$mm、$L=100$mm，其标记为：GB/T 1096—2003 键 B18×12×100

单圆头普通平键（C 型）、$b=18$mm、$h=11$mm、$L=100$mm，其标记为：GB/T 1096—2003 键 C18×12×100

单位：mm

宽度 b	基本尺寸	2	3	4	5	6	8	10	12	14	16	18	20	22
	极限偏差（h8）	0 −0.014		0 −0.018			0 −0.027		0 −0.027			0 −0.033		

高度 h	基本尺寸		2	3	4	5	6	7	8	8	9	10	11	12	13
	极限偏差	矩形（h11）	—			—				0 −0.090			0 −0.010		
		方形（h8）	0 −0.014			0 −0.018			—			—			

倒角或圆角 s	0.16~0.25		0.25~0.40		0.40~0.60		0.60~0.80	

基本尺寸	极限偏差（h14）													
6	0 −0.36			—	—	—	—	—	—	—	—	—	—	—
8					—	—	—	—	—	—	—	—	—	—
10						—	—	—	—	—	—	—	—	—
12	0 −0.43						—	—	—	—	—	—	—	—
14							—	—	—	—	—	—	—	—
16								—	—	—	—	—	—	—
18								—	—	—	—	—	—	—
20	0 −0.52								—	—	—	—	—	—
22		—								—	—	—	—	—
25		—								—	—	—	—	—
28		—									—	—	—	—
32		—									—	—	—	—
36	0 −0.62	—										—	—	—
40		—	—									—	—	—
45		—	—										—	—
50		—	—										—	—

附表11　普通平键键槽的尺寸与公差（GB/T 1095—2003）

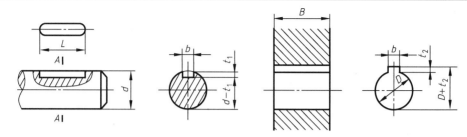

注：在工作中，轴槽深用（$d-t_1$）标注，轮毂槽深度用（$D+t_2$）标注

单位：mm

轴	键	键槽											
		宽度 b						深度				半径 r	
		基本尺寸	极限偏差					轴 t_1		毂 t_2			
			正常连接		紧密连接	松连接		基本尺寸	极限偏差	基本尺寸	极限偏差		
公称直径 d	键尺寸 $b×h$		轴 N9	毂 JS9	轴和毂 P9	轴 H9	毂 D10					最小	最大
6～8	2×2	2	−0.004 −0.029	±0.0125	−0.006 −0.031	+0.025 0	+0.060 +0.020	1.2	+0.10 0	1	+0.10 0	0.08	0.16
>8～10	3×3	3						1.8		1.4			
>10～12	4×4	4	0 −0.030	±0.015	−0.012 −0.042	+0.030 0	+0.078 +0.030	2.5		1.8		0.16	0.25
>12～17	5×5	5						3.0		2.3			
>17～22	6×6	6						3.5		2.8			
>22～30	8×7	8	0 −0.036	±0.018	−0.015 −0.051	+0.036 0	+0.098 +0.040	4.0		3.3			
>30～38	10×8	10						5.0		3.3			
>38～44	12×8	12	0 −0.043	±0.0215	+0.018 −0.061	+0.043 0	+0.120 +0.050	5.0	+0.20 0	3.3	+0.20 0	0.25	0.04
>44～50	14×9	14						5.5		3.8			
>50～58	16×10	16						6.0		4.3			
>58～65	18×11	18						7.0		4.4			
>65～75	20×12	20	0 −0.052	±0.026	+0.022 −0.074	+0.052 0	+0.149 +0.065	7.5		4.9		0.40	0.60
>75～85	22×14	22						9.0		5.4			
>85～95	25×14	25						9.0		5.4			
>95～110	28×16	28						10.0		6.4			
>110～130	32×18	32						11.0		7.4			
>130～150	36×20	36	0 −0.062	±0.031	−0.026 −0.088	+0.062 0	+0.180 +0.080	12.0	+0.30 0	8.4	+0.30 0	0.70	1.00
>150～170	40×22	40						13.0		9.4			
>170～200	45×25	45						15.0		10.4			

注：1. $d-t_1$ 和 $D+t_2$ 两组组合尺寸的极限偏差按相应的 t_1 和 t_2 的极限偏差选取，但（$d-t_1$）极限偏差应取负号。
　　2. 轴的直径不在本标准所列，仅供参考。

附表 12 推力球轴承（摘自 GB/T 301—2015）

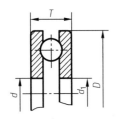

类型代号
5

代号示例
尺寸系列代号为 13、内径代号
为 10 的推力球轴承:51310

单位:mm

轴承代号	外形尺寸				轴承代号	外形尺寸			
	d	D	T	d_{1min}		d	D	T	d_{1min}
11 系列 51104	20	35	10	21	13 系列 51304	20	47	18	22
51105	25	42	11	26	51305	25	52	18	27
51106	30	47	11	32	51306	30	60	21	32
51107	35	52	12	37	51307	35	68	24	37
51108	40	60	13	42	51308	40	78	26	42
51109	45	65	14	47	51309	45	85	28	47
51110	50	70	14	52	51310	50	95	31	52
51111	55	78	16	57	51311	55	105	35	57
51112	60	85	17	62	51312	60	110	35	62
51113	65	90	18	67	51313	65	115	36	67
51114	70	95	18	72	51314	70	125	40	72
51115	75	100	19	77	51315	75	135	44	77
51116	80	105	19	82	51316	80	140	44	82
51117	85	110	19	87	51317	85	150	49	88
51118	90	120	22	92	51318	90	155	50	93
51120	100	135	25	102	51320	100	170	55	103
12 系列 51204	20	40	14	22	14 系列 51405	25	60	24	27
51205	25	47	15	27	51406	30	70	28	32
51206	30	52	16	32	51407	35	80	32	37
51207	35	62	18	37	51408	40	90	36	42
51208	40	68	19	42	51409	45	100	39	47
51209	45	73	20	47	51410	50	110	43	52
51210	50	78	22	52	51411	55	120	48	57
51211	55	90	25	57	51412	60	130	51	62
51212	60	95	26	62	51413	65	140	56	68
51213	65	100	27	67	51414	70	150	60	73
51214	70	105	27	72	51415	75	160	65	78
51215	75	110	27	77	51416	80	170	68	83
51216	80	115	28	82	51417	85	180	72	88
51217	85	125	31	88	51418	90	190	77	93
51218	90	135	35	93	51420	100	210	85	103
51220	100	150	38	103	51422	110	230	95	113

附表 13　圆锥滚子轴承（摘自 GB/T 297—2015）

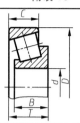

	类型代号	代号示例
	3	尺寸系列代号为 03、内径代号为 12 的圆锥滚子轴承：30312

单位：mm

轴承代号		外形尺寸					轴承代号		外形尺寸				
		d	D	T	B	C			d	D	T	B	C
02 系列	30204	20	47	15.25	14	12	22 系列	32204	20	47	19.25	18	15
	30205	25	52	16.25	15	13		32205	25	52	19.25	18	16
	30206	30	62	17.25	16	14		32206	30	62	21.25	20	17
	30207	35	72	18.25	17	15		32207	35	72	24.25	23	19
	30208	40	80	19.75	18	16		32208	40	80	24.75	23	19
	30209	45	85	20.75	19	16		32209	45	85	24.75	23	19
	30210	50	90	21.75	20	17		32210	50	90	24.75	23	19
	30211	55	100	22.75	21	18		32211	55	100	26.75	25	21
	30212	60	110	23.75	22	19		32212	60	110	29.75	28	24
	30213	65	120	24.75	23	20		32213	65	120	32.75	31	27
	30214	70	125	26.25	24	21		32214	70	125	33.25	31	27
	30215	75	130	27.25	25	22		32215	75	130	33.25	31	27
	30216	80	140	28.25	26	22		32216	80	140	35.25	33	28
	30217	85	150	30.50	28	24		32217	85	150	38.50	36	30
	30218	90	160	32.50	30	26		32218	90	160	42.50	40	34
	30219	95	170	34.50	32	27		32219	95	170	45.50	43	37
	30220	100	180	37	34	29		32220	100	180	49	46	39
03 系列	30304	20	52	16.25	15	13	23 系列	32304	20	52	22.25	21	18
	30305	25	62	18.25	17	15		32305	25	62	25.25	24	20
	30306	30	72	20.75	19	16		32306	30	72	28.75	27	23
	30307	35	80	22.75	21	18		32307	35	80	32.75	31	25
	30308	40	90	25.25	23	20		32308	40	90	35.25	33	27
	30309	45	100	27.25	25	22		32309	45	100	38.25	36	30
	30310	50	110	29.25	27	23		32310	50	110	42.25	40	33
	30311	55	120	31.50	29	25		32311	55	120	45.50	43	35
	30312	60	130	33.50	31	26		32312	60	130	48.50	46	37
	30313	65	140	36	33	28		32313	65	140	51	48	39
	30314	70	150	38	35	30		32314	70	150	54	51	42
	30315	75	160	40	37	31		32315	75	160	58	55	45
	30316	80	170	42.50	39	33		32316	80	170	61.50	58	48
	30317	85	180	44.50	41	34		32317	85	180	63.50	60	49
	30318	90	190	46.50	43	36		32318	90	190	67.50	64	53
	30319	95	200	49.50	45	38		32319	95	200	71.50	67	55
	30320	100	215	51.50	47	39		32320	100	215	77.50	73	60

附表 14 深沟球轴承（摘自 GB/T 276—2013）

类型代号
6

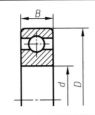

代号示例
尺寸系列代号为(02)、内径
代号为06的深沟球轴承:6206

单位:mm

轴承代号	外形尺寸			轴承代号	外形尺寸		
	d	D	B		d	D	B
10 系列 6004	20	42	12	**03 系列** 6304	20	52	15
6005	25	47	12	6305	25	62	17
6006	30	55	13	6306	30	72	19
6007	35	62	14	6307	35	80	21
6008	40	68	15	6308	40	90	23
6009	45	75	16	6309	45	100	25
6010	50	80	16	6310	50	110	27
6011	55	90	18	6311	55	120	29
6012	60	95	18	6312	60	130	31
6013	65	100	18	6313	65	140	33
6014	70	110	20	6314	70	150	35
6015	75	115	20	6315	75	160	37
6016	80	125	22	6316	80	170	39
6017	85	130	22	6317	85	180	41
6018	90	140	24	6318	90	190	43
6019	95	145	24	6319	95	200	45
6020	100	150	24	6320	100	215	47
02 系列 6204	20	47	14	**04 系列** 6404	20	72	19
6205	25	52	15	6405	25	80	21
6206	30	62	16	6406	30	90	23
6207	35	72	17	6407	35	100	25
6208	40	80	18	6408	40	110	27
6209	45	85	19	6409	45	120	29
6210	50	90	20	6410	50	130	31
6211	55	100	21	6411	55	140	33
6212	60	110	22	6412	60	150	35
6213	65	120	23	6413	65	160	37
6214	70	125	24	6414	70	180	42
6215	75	130	25	6415	75	190	45
6216	80	140	26	6416	80	200	48
6217	85	150	28	6417	85	210	52
6218	90	160	30	6418	90	225	54
6219	95	170	32	6419	95	240	55
6220	100	180	34	6420	100	250	58

附表 15 六角头螺栓

六角头螺栓—A 和 B 级（GB/T 5782—2000）
六角头螺栓—全螺纹（GB/T 5783—2000）

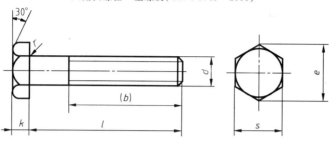

标记示例

螺纹规格 d＝M12、公称长度 l＝80mm、性能等级为 8.8 级、表面氧化、A 级的六角螺栓，其标记为：

螺栓 GB/T 5782 M12×80

单位：mm

螺纹规格		M3	M4	M5	M6	M8	M10	M12	M16	M20	M24	M30	M36
s		5.5	7	8	10	13	16	18	24	30	36	46	55
k		2	2.8	3.5	4	5.3	6.4	7.5	10	12.5	15	18.7	22.5
r		0.1	0.2	0.2	0.25	0.4	0.4	0.6	0.6	0.6	0.8	1	1
e	A	6.01	7.66	8.79	11.05	14.38	17.77	20.03	26.75	33.53	39.98	—	—
	B	5.88	7.50	8.63	10.89	14.20	17.59	19.85	26.17	32.95	39.55	50.85	51.11
l 范围 （GB/T 5782）	$l \leqslant 125$	12	14	16	18	22	26	30	38	46	54	66	—
	$125 < l \leqslant 200$	18	20	22	24	28	32	36	44	52	60	72	84
	$l > 200$	31	33	35	37	41	45	49	57	65	73	85	97
l 范围 （GB/T 5782）		20~30	25~40	25~50	30~60	40~80	45~100	50~120	65~160	80~200	90~240	110~300	140~360
l 范围 （GB/T 5783）		6~30	8~40	10~50	12~60	16~80	20~100	25~120	30~150	40~150	50~150	60~200	70~200
l 系列		6,8,10,12,16,20,25,30,35,40,45,50,55,60,65,70,80,90,100,110,120,130,140, 150,160,180,200,220,240,260,280,300,320,340,360,380,400,420,440,460,480,500											

附表 16 双头螺柱

GB/T 897—1988（b_m＝1d）
GB/T 898—1988（b_m＝11.25d）
GB/T 899—1988（b_m＝1.5d）
GB/T 900—1988（b_m＝2d）

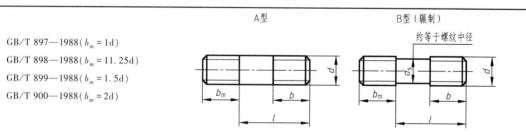

标记示例

两端均为粗牙普通螺纹，d＝10mm，l＝50mm、性能等级为 4.8 级、不经表面处理、B 型、b_m＝1d 的双头螺柱，其标记为：螺柱 GB/T 897 M10×50

若为 A 型，则标记为：

螺柱 GB/T 897 AM10×50

单位:mm(续)

螺纹规格		M3	M4	M5	M6	M8
b_m(旋入机体端长度)	GB/T 897—1988			5	6	8
	GB/T 898—1988			6	8	10
	GB/T 899—1988	4.5	6	8	10	12
	GB/T 900—1988	6	8	10	12	16
$\dfrac{l}{b}$(螺柱长度) (旋螺母端长度)		$\dfrac{16\sim20}{6}$	$\dfrac{16\sim(22)}{8}$	$\dfrac{16\sim(22)}{10}$	$\dfrac{20\sim(22)}{10}$	$\dfrac{20\sim(22)}{12}$
		$\dfrac{(22)\sim40}{12}$	$\dfrac{25\sim40}{14}$	$\dfrac{25\sim50}{16}$	$\dfrac{25\sim30}{14}$	$\dfrac{25\sim30}{16}$
					$\dfrac{(32)\sim(75)}{18}$	$\dfrac{(32)\sim90}{22}$

螺纹规格		M10	M12	M16	M20	M24
b_m(旋入机体端长度)	GB/T 897—1988	10	12	16	20	24
	GB/T 898—1988	12	15	20	25	30
	GB/T 899—1988	15	18	24	30	36
	GB/T 900—1988	20	24	32	40	48
$\dfrac{l}{b}$(螺柱长度) (旋螺母端长度)		$\dfrac{23\sim(28)}{14}$	$\dfrac{25\sim(30)}{16}$	$\dfrac{30\sim(38)}{20}$	$\dfrac{35\sim40}{25}$	$\dfrac{45\sim50}{30}$
		$\dfrac{30\sim(38)}{16}$	$\dfrac{(32)\sim40}{20}$	$\dfrac{40\sim(55)}{30}$	$\dfrac{(45)\sim(65)}{35}$	$\dfrac{(55)\sim(75)}{45}$
		$\dfrac{40\sim120}{26}$	$\dfrac{45\sim120}{30}$	$\dfrac{60\sim120}{38}$	$\dfrac{70\sim120}{46}$	$\dfrac{80\sim120}{54}$
		$\dfrac{130}{32}$	$\dfrac{130\sim180}{36}$	$\dfrac{130\sim200}{44}$	$\dfrac{130\sim200}{52}$	$\dfrac{130\sim200}{60}$

注：1. GB/T 897—1988 和 GB/T 898—1988 规定螺柱的螺纹规格 d=M5~M48，公称长度 l=16~300mm；GB/T 899—1988 和 GB/T 900—1988 规定螺柱的螺纹规格 d=M2~M48，公称长度 l=12~300mm。

2. 螺柱公称长度 l（系列）：12，（14），16，（18），20，（22），25，（28），30，（32），35，（38），40，45，50，（55），60，（65），70，（75），80，（85），90，（95），100~260（10进位），280，300（mm），尽可能不采用括号内的数值。

3. 材料为钢的螺柱性能等级有 4.8，5.8，6.8，8.8，10.9，12.9级，其中 4.8级为常用。

参 考 文 献

［1］ 胡胜. 机械制图 ［M］. 北京：机械工业出版社，2014.

［2］ 金大鹰. 机械制图 ［M］. 北京：机械工业出版社，2010.

［3］ 钱可强. 机械制图 ［M］. 北京：高等教育出版社，2011.